●新・電子システム工学●
TKR-4

MOSによる
電子回路基礎

池田　誠

数理工学社

編者のことば

　電子工学とはどのような領域であるかと言うと，やや定かではない．かつては電気のエネルギー応用分野である強電に対し，弱電という電気の情報への応用分野を指していたようにも思われる．この意味で，電気を信号の伝達に実用化したのは19世紀初頭であり，実用的な電信は1830年ごろに技術が確立した．また，電話は1876年，ベルがエジソンと競って発明したのは有名である．一方，電気のエネルギー応用は，およそ明治の始めの発電機の発明に始まり，さらに，エジソンが発電所を作ったのが1882年である．つまり，弱電と呼ばれた電気の情報への利用は，強電よりやや早かったと言えよう．また，明治初頭に，日本に最初に導入された電気技術は電信であった．

　もう少し狭い意味でのエレクトロニクスとも呼ばれる電子工学というと，電子を制御して利用する電子デバイスからかも知れない．これは，白熱電球の発明者エジソンが，1883年エジソン効果と呼ばれる発熱体からの電子放射を発見したのが最初であろう．直ちに，二極管，三極管が発明された．また，ヘルツの1888年の電磁波の発見に引き続き，マルコーニが1899年にドーバー海峡をはさむ無線通信に成功している．その後，第二次世界大戦直後の1947年のトランジスタの発明より電子デバイスの固体化が始まり，1960年のレーザ光発振成功より，光エレクトロニクスが始まっている．

　しかし，いずれにせよ，人類の知を扱ったり伝達したりするという場では，電子工学の独壇場である．それは電子工学の応用分野を見てみるとわかるであろう．電子管にしても，トランジスタにしても，まずはラジオ・テレビに代表される無線機器，音響機器の応用から始まった．これらは，集積回路の発明により，さらに加速され，情報を処理する機器，つまりコンピュータに発展した．現在の主力製品はむしろコンピュータである．パソコン・スパコンといった純粋なコンピュータ以外に，自動車，家電製品の至るところに配置されている制御用コンピュータやマイコンは，今やこれなしには，人類の生活は存在できない程

に行き渡っている．また，電信から始まり，電話，光ネットワーク，携帯電話などの情報伝達機器も電子工学なしには語れない．

　このように，現在の知を支える技術としての電子工学を，基礎から応用にいたるまで，まとめてみたのが，本ライブラリである．簡単には実体が見えない学問であるが，人類に対する貢献も大きい．ぜひその仕組みを理解すると共に，将来，この分野に貢献できるよう，勉学に励んでいただきたい．

　2009年7月

編者　岡部洋一

廣瀬　明

「新・電子システム工学」書目一覧

1	電子工学通論	8	電磁波工学の基礎
2	電子基礎物理	9	ハードウェア設計工学
3	電子デバイス基礎	10	電子物性
4	MOSによる電子回路基礎	11	光電子デバイス
5	電子物性基礎	12	VLSI設計工学
6	半導体デバイス入門	13	光情報工学
7	光波電子工学	14	電子材料プロセス

まえがき

　本書は，MOS トランジスタを用いたアナログ電子回路の基礎を扱う．アナログ電子回路は増幅回路やアナログ演算回路，発振回路など，システム LSI 内部をはじめとして広く用いられており，様々な電子機器，制御を活用する理工系の大学学部学生にとって身につけておくべき基礎的素養の一つである．従来バイポーラトランジスタに基づく電子回路教育が一般的であったが，過去 10 年程度でアナログ電子回路の多くが MOS トランジスタにより構成されるようになったことに対応し，MOS トランジスタを用いたアナログ電子回路の基礎教育が広まっている．

　本書は，現広島大学藤島実教授が作成された「電子回路 I」(2007 年までは「電子回路基礎」) の講義メモに基づいており，電子工学および関連する学科の電気回路理論（線形回路理論），PN 接合を中心とする電子デバイスの基礎といった講義を受講したのちの学部学生を主な対象とし，単学期 12 回～14 回程度の講義を念頭においた．

　なお本書では，抵抗およびインダクタの記号に関して，目次のあとに図版記号としてまとめてあるが，JIS 標準に則った表記ではなく国際会議などで一般的に用いられている表記を用いている．

　出版にあたっては，執筆が遅々として進まないなか辛抱強く督促を続けていただいた竹田直氏と数理工学社の田島伸彦氏に心から感謝の意を表す．

　　2011 年 3 月

池田　誠

目　　次

第 1 章　電子回路と線形回路　　1
1.1　アナログ回路とディジタル回路　･････････････　2
1.2　アナログ回路と MOS トランジスタ　･････････　3
1.3　線形回路理論とラプラス変換　････････････････　5
1.4　フーリエ変換と回路の周波数応答　････････････　8
1 章の問題　･････････････････････････････････　11

第 2 章　MOS トランジスタのモデル　　13
2.1　半導体と移動度　･･･････････････････････････　14
2.2　MOS トランジスタの構造　･･････････････････　15
2.3　グラジュアルチャネル近似　･････････････････　16
2.4　飽和領域と弱反転領域　･････････････････････　17
2.5　MOS トランジスタと相互コンダクタンス　････　19
2.6　チャネル長変調効果　･･･････････････････････　20
コラム　トランジスタ特性と速度飽和　･････････　20
2.7　基板バイアス効果とサブスレショルド係数　･･･　23
2 章の問題　･････････････････････････････････　25

第 3 章　小信号等価回路　　27
3.1　非線形特性の線形化と小信号特性　････････････　28
3.2　MOS の小信号モデル　･･････････････････････　29
3.3　MOS の容量モデル　････････････････････････　31
3 章の問題　･････････････････････････････････　34

目次

第 4 章　基本増幅回路 I—ソース接地回路　35
- 4.1　3 端子素子を用いた増幅回路　36
- 4.2　ソース接地回路　37
- 4.3　ソース接地回路とチャネル長変調効果　40
- 4.4　非線形性の改善とソース帰還抵抗付きソース接地回路　41
- コラム　トランジスタ特性とコーナー条件　43
- 4 章の問題　44

第 5 章　基本増幅回路 II—ゲート接地回路，ドレイン接地回路　45
- 5.1　ゲート接地回路　46
- 5.2　ゲート接地回路の入出力抵抗　49
- 5.3　ゲート接地回路の応用例　52
- 5.4　ソースフォロワー　53
- 5 章の問題　55

第 6 章　カスコード回路　57
- 6.1　カスコード回路　58
- 6.2　カスコード回路を用いた負荷電流源　62
- 6.3　カスコード回路の電圧範囲とフォールド型カスコード　64
- 6 章の問題　66

第 7 章　差動増幅回路　67
- 7.1　集積回路と雑音　68
- 7.2　基本差動対　70
- 7.3　差動成分と仮想接地・半回路　72
- コラム　トランジスタばらつきと差動増幅回路の入力オフセット電圧　74
- 7.4　差動対と同相成分　75
- 7 章の問題　77

第 8 章　カレントミラー　　79

　8.1　MOS を用いた電流源 ････････････････････････････････ 80
　8.2　定電流源実現のためのカレントミラー ･･････････････････ 81
　8.3　アクティブカレントミラー ････････････････････････････ 84
　8.4　カスコード型カレントミラー ･･････････････････････････ 89
　8 章の問題 ･･･ 92

第 9 章　フィードバックと回路特性　　93

　9.1　負帰還システム ･･････････････････････････････････････ 94
　9.2　負帰還と回路の入出力抵抗 ････････････････････････････ 98
　9.3　負帰還と回路の周波数特性 ･･･････････････････････････ 100
　9.4　増幅回路を用いた負帰還システムの実現 ･･････････････ 101
　9 章の問題 ･･ 104

第 10 章　フィードバックと回路の安定性　　105

　10.1　ループゲインと発振条件 ････････････････････････････ 106
　[コラム]　過渡応答の実例 ････････････････････････････････ 109
　10.2　フィードバックの安定性と位相余裕・ゲイン余裕 ･････ 110
　10 章の問題 ･･ 114

第 11 章　オペアンプ　　115

　11.1　オペアンプ ･･ 116
　11.2　カスコード型オペアンプ ････････････････････････････ 120
　11.3　カスコード型オペアンプの動作電圧範囲・極配置 ････ 122
　11.4　2 段オペアンプ ････････････････････････････････････ 126
　[コラム]　2 段オペアンプの動作電圧範囲と 2 段目の極性 ･･･ 126
　11 章の問題 ･･ 128

第 12 章　フィードバックと位相補償　　129

　12.1　フィードバックの安定化 ････････････････････････････ 130
　12.2　容量・抵抗による位相補償 ･･････････････････････････ 132
　12.3　2 段オペアンプとポールスプリッティング ･･････････ 133

12 章の問題 ･･･ 136

索　　引　　　　　　　　　　　　　　　　　　　　　　　137

───［章末問題の解答について］───
　章末問題の解答はサイエンス社のホームページ
　　　`http://www.saiensu.co.jp`
でご覧ください．

電気用図記号について

本書の回路図は，まだ実際の作業現場や論文などでも用いられている従来の電気用図記号の表記（表右列）にしたがって作成したが，現在では JIS C 0617 の電気用図記号の表記（表中列）が制定されている．参考までによく使用される記号の対応を以下の表に示す．

	新JIS記号（C 0617）	旧JIS記号（C 0301）
電気抵抗，抵抗器		
スイッチ		
半導体（ダイオード）		
接地（アース）		
インダクタンス，コイル		
電源		
ランプ		

1 電子回路と線形回路

アナログ電子回路を学ぶにあたって基礎となる線形回路理論について,特にラプラス変換・伝達関数と時間応答,フーリエ変換と周波数応答について述べる.

> **1章で学ぶ概念・キーワード**
> - アナログ回路と MOS トランジスタ
> - ラプラス変換
> - フーリエ変換
> - ボーデ線図

1.1 アナログ回路とディジタル回路

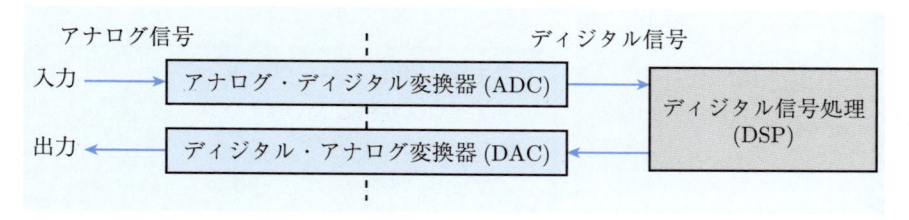

能動素子を用いた回路は大別すると，信号を "0", "1" の2値もしくは離散化した多値で表現するディジタル回路と，信号を連続量として処理するアナログ回路に大別される．ディジタル回路では，能動素子（電子部品）をスイッチとして用いる一方，アナログ回路では，電子部品で連続量を処理する．一般的には，同一の処理を行う場合，ディジタル回路と比較してアナログ回路では少ないハードウエア量（素子数）で実現可能であり，処理速度の面でもアナログ回路での処理のほうが高速である．例えば，信号の乗算を行う場合を考えてみると，アナログ回路では，最小限 MOS トランジスタ1個，もしくは線形性考えるとギルバートセルのような高々 10 トランジスタ程度で実現可能で，かつ遅延時間的にも高速であるのに対し，ディジタル回路では，多数のトランジスタを用い，かつ遅延時間も長くなる．

一方アナログ回路では，信号のダイナミックレンジが信号の最小分解能と最大振幅で決定してしまうため精度を高めることが困難であるが，ディジタル回路では，信号線数（ビット幅）を増やすだけで必要な精度を達成することが可能である．現実には，素子寸法の微細化に伴いディジタル回路の処理性能の向上の結果，図 1.1 に示すように，信号処理の大半を DSP で行い，入出力インターフェース部分でアナログに変換するシステムが一般的になり，微細プロセスを用いた，A/D, D/A 変換器および増幅回路の構築がますます重要な課題となっている．

表 1.1 アナログ回路とディジタル回路の比較

	アナログ回路	ディジタル回路
ハードウエア量	少	多
処理速度	速	遅
精度	低	高

図 1.1

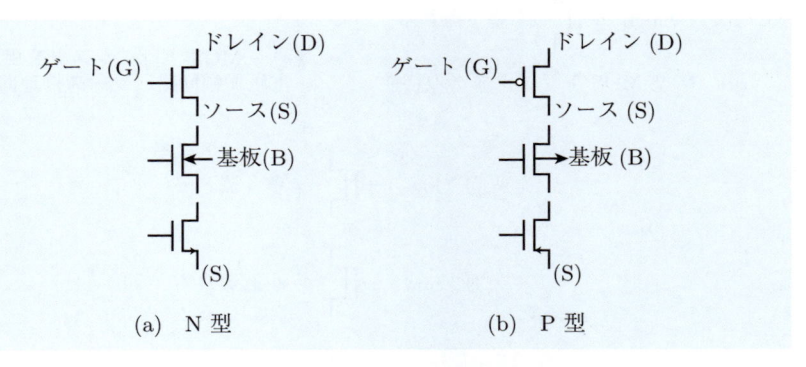

1.2 アナログ回路と MOS トランジスタ

MOS トランジスタは，図 1.2 の回路記号で表現され，ゲート–ソース間電圧により，ドレイン–ソース間電流を制御する電圧入力，電流出力型の素子である．

MOS トランジスタと対比されるバイポーラトランジスタは，図 1.3 の回路記号で表示され，ベース–エミッタ間電流によりコレクタ–エミッタ間電流が制御される，電流入力，電流出力型の素子である．

MOS トランジスタは入力であるゲート端子に電流が流れないため，ディジタル回路におけるスイッチとして広く用いられていたが，近年，プロセス技術の微細化に伴う MOS トランジスタの特性向上や，特にシステム LSI などディジタル・アナログ混載用途，アナログ回路特性のディジタル補正用途などの広まりにより，アナログ回路においても MOS トランジスタの使用が一般的になってきている．

本書では，以降，能動素子として，MOS トランジスタを用いてアナログ回路の説明を行うこととする．

(a) N 型 (b) P 型

図 1.2　MOS トランジスタの回路記号

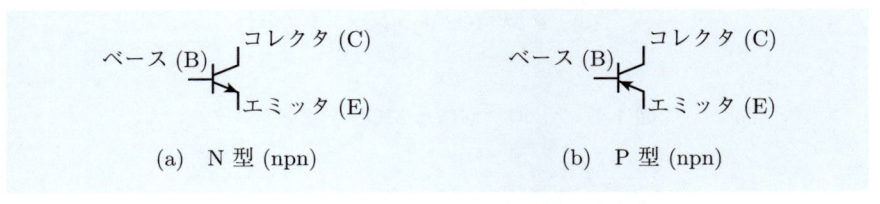

(a) N 型 (npn) (b) P 型 (npn)

図 1.3　バイポーラトランジスタの回路記号

アナログ回路においては，図 1.4(a) に示すとおり入力（ゲート電圧）の大きさに応じて，出力（ドレイン電流）が制御される．図 1.4(b) に示されるように，負荷として抵抗を接続し，電流変化を電圧変化に変換することで，電圧増幅回路を構成することが可能となる．図 1.4(b) では N 型 MOS トランジスタを用いているが，P 型 MOS トランジスタを用いた場合，図 1.4(c) のように入力に対して反対の特性を示す．

本書では以降，N 型 MOS トランジスタを用いてアナログ回路の説明を行うこととする．

(a)　N 型 MOS トランジスタの特性

(b)　MOS トランジスタを用いた電圧増幅回路（ソース接地回路）

(c)　P 型 MOS トランジスタの特性

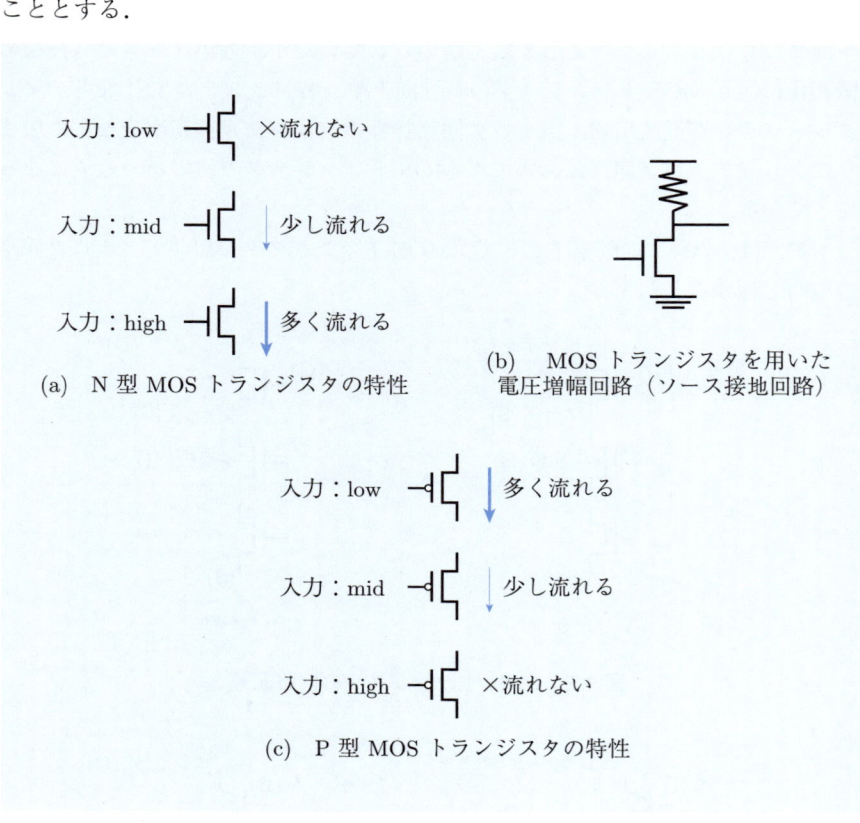

図 1.4　アナログ回路と MOS トランジスタ

1.3 線形回路理論とラプラス変換

　MOS トランジスタの特性には非線形性があり，電気回路理論で取り上げられる線形回路理論と違い，一般的には解析的に解を求めることが容易ではない．そこで，小信号特性という形での線形化による回路解析を行うことが重要となるが，詳細は第 3 章で扱うこととし，以下，本書において用いる線形回路の基礎を復習することとする．

　一般に，キャパシタ C，インダクタ L の含まれた回路の電流・電圧特性を求めるに当たっては，時間領域の微分方程式を解くことになる．図 1.5 に示す簡単な CR 回路において，時刻 $t=0$ にスイッチを入れるとき，時刻 $t=0$ でキャパシタの電荷 $Q=0$ の初期条件に対しては，

$$E - v(t) = CR\frac{dv}{dt}$$

を初期値を考慮して解くことで，

$$v(t) = E(1 - e^{\frac{t}{CR}})$$

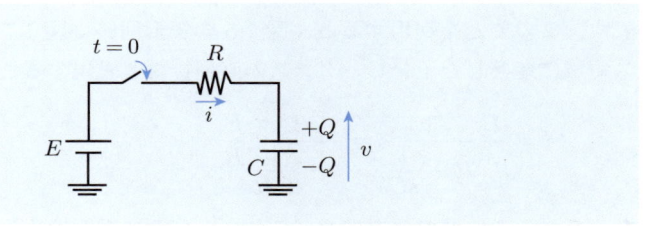

図 1.5 線形回路の電圧・電流

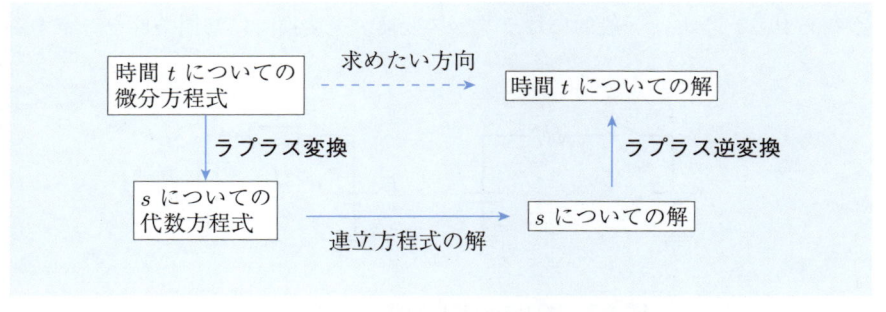

図 1.6 t についての微分方程式とラプラス変換の関係

と求めることができる．ただし，高次の微分方程式の場合，解析的に解を得ることは容易ではない．その場合に，図 1.6 に示されるように，微分方程式を**ラプラス変換**することで代数方程式として解を求めることが可能であることがよく知られている．図 1.5 の例の場合，容量 C に流れる電流は時間領域では，

$$i(t) = C\frac{dv(t)}{dt} = \left(C\frac{d}{dt}\right)v(t)$$

であるが，これをラプラス変換すると，

$$I(s) = sCV(s) \longrightarrow V(s) = \frac{1}{sC}I(s)$$

と変換でき，あたかも，$1/sC$ なる抵抗を有するようにふるまう．この等価的な抵抗を**インピーダンス**と呼び，インピーダンスの逆数を**コンダクタンス**と呼ぶ．インダクタンスに関しても同様に

$$v(t) = L\frac{di(t)}{dt} = \left(L\frac{d}{dt}\right)i(t) \xrightarrow{\mathcal{L}} V(s) = SL \cdot I(s)$$

であることから，インピーダンスは sL となる．なお，$\xrightarrow{\mathcal{L}}$ はラプラス変換を表す．このことを利用すると，図 1.5 の線形回路は図 1.7 に示すようにラプラス領域に変換したインピーダンスの直列接続と表現することができ，

$$I = \frac{E}{s}\frac{1}{R + \frac{1}{sC}} = \frac{1}{s + \frac{1}{CR}}\frac{E}{R}$$

なるラプラス領域の解を求め，これをラプラス逆変換することで

$$i(t) = \frac{E}{R}e^{-\frac{t}{CR}}$$

が得られる．なお，一般的にはラプラス変換・逆変換時に初期条件を考慮する

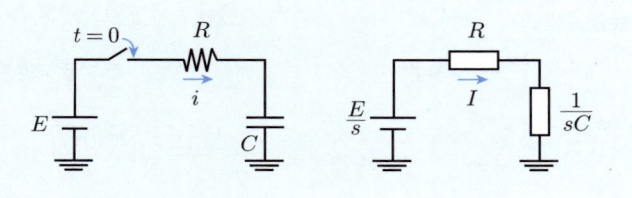

図 1.7 図 1.5 の線形回路のラプラス変換

1.3 線形回路理論とラプラス変換

表 1.2 入出力と伝達関数

出力 Y	入力 X	伝達関数 H	意 味
v_{out}	v_{in}	$A_{\text{v}} = \dfrac{v_{\text{out}}}{v_{\text{in}}}$	電圧増幅率（電圧利得）
i_{out}	i_{in}	$A_{\text{i}} = \dfrac{i_{\text{out}}}{i_{\text{in}}}$	電流増幅率（電流利得）
i_{out}	v_{in}	$g_{\text{m}} = \dfrac{i_{\text{out}}}{v_{\text{in}}}$	相互コンダクタンス [S]
v_{out}	i_{in}	$\gamma_{\text{m}} = \dfrac{v_{\text{out}}}{i_{\text{in}}}$	相互抵抗 [Ω]

必要がある．

一方，4 端子回路網では入力 X および出力 Y に対して，$H = Y/X$ を**伝達関数**と呼ぶ．表 1.2 に入出力の電流・電圧に対応する伝達関数とその意味に関してまとめる．例えば，図 1.8 に示す CR による回路網の場合，ラプラス領域の伝達関数は

$$H(s) = \frac{V_{\text{out}}(s)}{V_{\text{in}}} = \frac{\dfrac{1}{sC}}{R + \dfrac{1}{sC}} = \frac{1}{1 + sCR}$$

となる．この伝達関数は $s \gg 1/CR$ において，

$$H(s) \approx \frac{1}{sCR}$$

つまり積分特性を有することを意味しており，

  出力 $Y(s) =$ 入力 $X(s)$ の積分

となる．

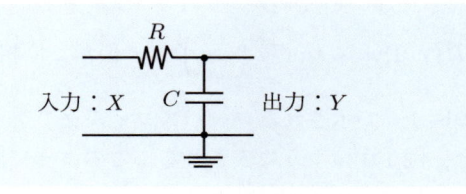

図 1.8 CR ローパスフィルタ

1.4 フーリエ変換と回路の周波数応答

線形回路の**時間応答** $f(t)$ と**周波数応答** $F(\omega)$ の変換を行う**フーリエ変換**は，

$$F(\omega) = \mathcal{F}[f(t)] = \int_{-\infty}^{\infty} f(t)e^{-j\omega t} dt$$

で表現されるが，変換結果は，ラプラス変換における s を $j\omega$ に置き換えたものと等しくなる．ただし，ここで $j = \sqrt{-1}$ である．この特徴を利用することで，線形回路をラプラス変換した伝達関数において，s を $j\omega$ に置き換えることで，回路の周波数応答が得られることになる．先の例では $H(s) \to H(j\omega)$ とすることで，

$$H(j\omega) = \frac{1}{1 + j\omega CR}$$

となる．この伝達関数は，

$$\omega \ll \frac{1}{CR} \text{において} |H(j\omega)| \approx 1$$
$$\omega \gg \frac{1}{CR} \text{において} |H(j\omega)| \approx \frac{1}{\omega CR}$$

つまり $1/CR$ より高周波領域で伝達関数が周波数に比例して小さくなるローパスフィルタ特性を有することがわかる．

伝達関数の $j\omega$ 領域での表現の場合，つまり**複素数**で**表現**する場合，次式のように**絶対値**と**偏角（位相）**による表現が広く用いられる．

$$H(j\omega) = \frac{1}{1 + j\dfrac{\omega}{\omega_0}}$$

$$|H(j\omega)| = \frac{1}{\sqrt{1 + \left(\dfrac{\omega}{\omega_0}\right)^2}} \quad \cdots\cdots \text{絶対値：ゲイン}$$

$$\arg(H(j\omega)) = -\tan^{-1}\left(\frac{\omega}{\omega_0}\right) \quad \cdots \text{偏角：位相}$$

前ページの図 1.8 で示されるローパスフィルタのゲイン・位相の周波数特性を図示すると，図 1.9 のように表される．このように周波数を log スケールで横軸にとり，縦軸に log スケール表示のゲインと linear スケール表示での位相の 2 グラフを上下に並べた周波数特性図を**ボーデ線図**と呼び回路の周波数特性

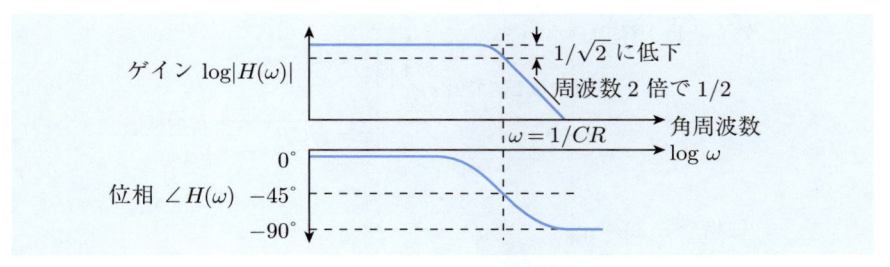

図 1.9 図 1.8 のローパスフィルタの周波数特性（ボーデ線図）

の表示に広く用いられている．図 1.9 で示される 1 次のローパスフィルタの場合，$\omega_0 = 1/CR$ において

$$\text{ゲイン } |H(j\omega_0)| = \frac{1}{\sqrt{2}}, \quad \text{位相 } \angle H(j\omega_0) = -45°$$

であり，周波数が十分高いところでは，周波数に反比例してゲインが減少する特性を示す．

一方，図 1.10 に示す回路では，ラプラス領域での伝達関数は，

$$H(s) = \frac{R}{R + \dfrac{1}{sC}} = \frac{sCR}{1 + sCR}$$

であり，$\omega \ll 1/CR$ において，$H(s) \approx sCR$ と微分特性を示すことになる．一方フーリエ領域の伝達関数は

$$H(j\omega) = \frac{j\omega CR}{1 + j\omega CR}$$

となり，$\omega_0 \gg 1/CR$ では $|H(j\omega)| \approx 1$，$\omega \ll 1/CR$ において $|H(j\omega)| \approx \omega CR$ と高周波領域の信号を通過させるハイパス特性を有することがわかる．これをボーデ線図で表現すると図 1.11 のようになる．

一般に，周波数領域の伝達関数が

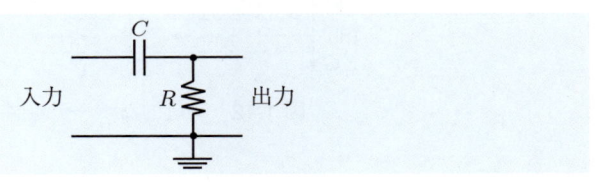

図 1.10 CR ハイパスフィルタ

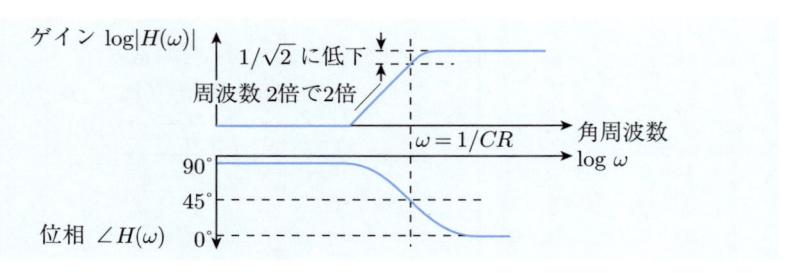

図 1.11　ハイパスフィルタのボーデ線図

$$G(j\omega) = G_0 \frac{\left[1 + j\dfrac{\omega}{\omega_{z_0}}\right]\left[1 + j\dfrac{\omega}{\omega_{z_1}}\right]\cdots\left[1 + j\dfrac{\omega}{\omega_{z_m}}\right]}{\left[1 + j\dfrac{\omega}{\omega_{p_0}}\right]\left[1 + j\dfrac{\omega}{\omega_{p_1}}\right]\cdots\left[1 + j\dfrac{\omega}{\omega_{p_n}}\right]}$$

で与えられたとき，周波数 $\omega_{p_0}, \cdots, \omega_{p_n}, \omega_{z_0}, \cdots, \omega_{z_m}$ の周波数の小さい順にボーデ線図のゲインの折れ曲がり（傾き）が決定し，分子の場合には $+20\,\mathrm{dB/decade}$，分母の場合には $-20\,\mathrm{dB/decade}$ の傾きが加えられる．同様に位相に関しても，周波数 $\omega_{p_0}, \cdots, \omega_{p_n}$ ごとに $-45°$，それより十分周波数の大きいところで，$-90°$，$\omega_{z_0}, \cdots, \omega_{z_m}$ ごとに $+45°$，それより十分周波数の大きいところで，$+90°$ の位相回転を生じる．このように伝達関数を因数分解しボーデ線図を描くことで，その周波数特性がおおよそ把握できる点が重要である．

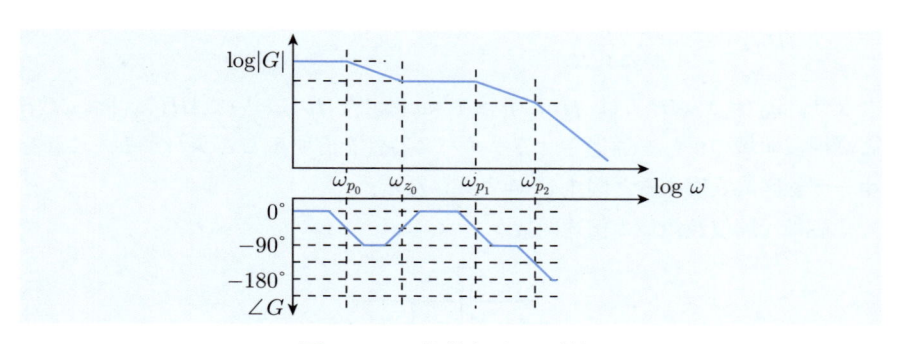

図 1.12　一般的なボーデ線図

1章の問題

1 以下の①〜⑤に示される回路に関して次の問いに答えよ.

(1) それぞれの伝達関数 $H(s) = \dfrac{V_2(s)}{V_1(s)}$ を求めよ.

(2) それぞれの周波数応答の概形を描け,ただし,ゲイン $\dfrac{1}{\sqrt{2}}$ に変化する点の周波数,その時の位相回転および,ゲインの変化の傾きを明記すること.

(3) ⑥に示される電圧源を端子1に接続した際の時間応答を求めその概形を描け.

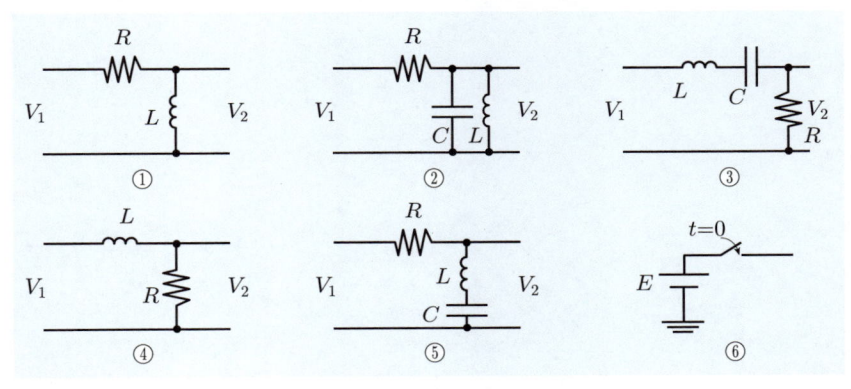

図 1.13

2 MOSトランジスタのモデル

　　MOSトランジスタを用いたアナログ電子回路を学ぶにあたり必要となる，MOSトランジスタの基本動作について述べる．

2章で学ぶ概念・キーワード
- 線形領域・飽和領域・弱反転領域
- 相互コンダクタンス
- チャネル長変調効果
- 基板バイアス効果

2.1 半導体と移動度

半導体中では，N型半導体では，キャリアとして電子が流れることで電流が流れ，P型半導体では，ホールが流れることで電流が流れる．そのため，N型とP型では極性が逆になる．このキャリアの走行速度vは図2.1に示すとおり電界Eが低いところでは電界に比例し，この比例係数のことを**移動度**μと呼び$v = \mu E$である．また，電界が大きくなると速度が電界によらず一定となる．このときの速度を飽和速度と呼ぶ．表2.1にいくつかの物質の移動度を示す．

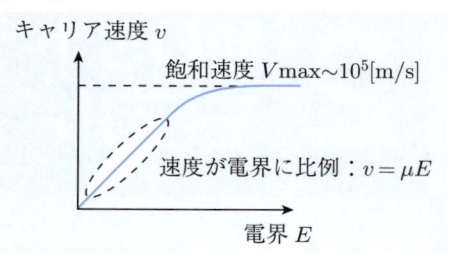

図2.1 キャリア速度と電界強度の関係

表2.1 代表的な半導体のキャリア移動度

物 質	電子移動度 [cm²/Vs]	ホール移動度 [cm²/Vs]
シリコン (100)	1 500	450
ゲルマニウム (100)	3 900	1 900
GaAs(100)	8 500	400
HEMT	50 000	

半導体中のキャリア密度をn，単位電荷をq，キャリア速度をv，断面積をSとするとき，電流は$I = qnvS$であるため，キャリア速度

$$v = \frac{I}{qnS} = \mu E = \mu \frac{V}{d}$$

から，電流と電圧の間には，

$$V = \frac{1}{qn\mu} \frac{d}{S} I$$

なる関係が得られる．これは半導体中のキャリアが電界に比例するという移動度近似が成り立つ場合，半導体が

抵抗率 $\rho = \dfrac{1}{qn\mu}$，　抵抗 $R = \dfrac{1}{qn\mu} \dfrac{d}{S}$

として表されることを意味している．

2.2 MOS トランジスタの構造

　MOS トランジスタは図 2.2 のように薄いゲート酸化膜によりゲート金属と半導体を分け，ゲートに印加された電圧でゲート酸化膜に加わりドレイン–ソース間に形成される導電層（チャネル）を制御することで，ドレイン–ソース間の電流を制御する素子である．

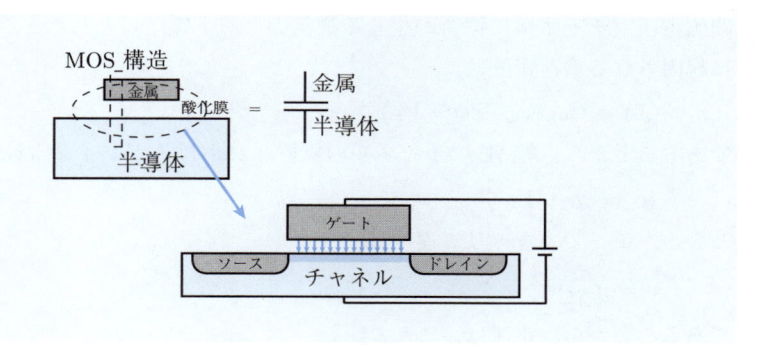

図 2.2　MOS トランジスタの構造

　N 型の MOS トランジスタはゲートに正の電位を加えて行くと，図 2.3(a) のように P 型のシリコン基板中のキャリアである正電荷が下方に押しやられ，ゲート酸化膜直下の部分においてキャリアがない**空乏層**が形成される（**弱反転状態**）．さらにゲートの電位を上げると，図 2.3(b) のように電子がゲート酸化膜直下に誘起され表面部分が N 型のようにふるまうことになる．これを（**強**）**反転状態**といい N 型が形成された部分を**チャネル**と呼ぶ．

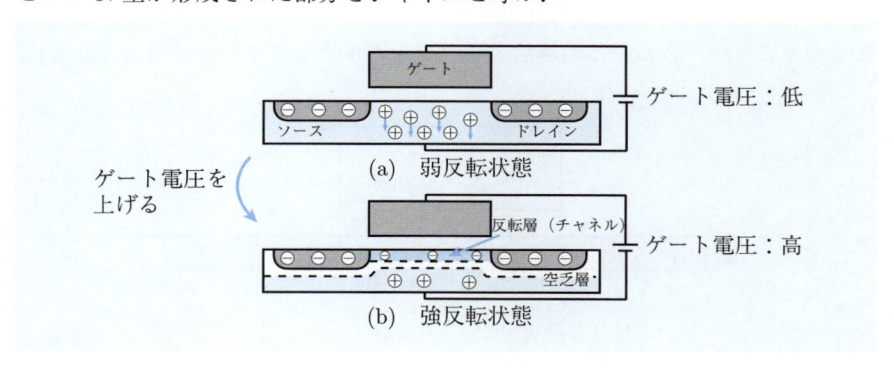

図 2.3　MOS トランジスタの動作

2.3 グラジュアルチャネル近似

前節のチャネルがソース端からドレイン端まで形成されているとき，MOS トランジスタは**線形領域**として動作する．このときチャネルの 2 次元電荷密度はドレイン–ソース間に印加される電界により 1 次近似することが可能である．C_ox を単位面積当たりのゲート容量，V_G をゲート電圧，ϕ をチャネル電位，V_T を閾値電圧（チャネルに電荷が生じる最低のゲート電圧）としたとき，チャネルに起因される電荷密度は，

$$Q_\mathrm{C} = C_\mathrm{ox}(V_\mathrm{G} - \phi - V_\mathrm{T})$$

であることから，幅 W のチャネルの位置 x におけるドレイン電流は，

$$I_\mathrm{D} = Q_\mathrm{C} v W$$

となる．ここで，キャリア速度は，

$$v = \mu \frac{d\phi}{dx}$$

であることから，電流は，

$$I_\mathrm{D} = \mu C_\mathrm{ox} W (V_\mathrm{G} - \phi - V_\mathrm{T}) \frac{d\phi}{dx}$$

で表現できる．この式をソースからドレインまで積分すると，電流 I_D はソースからドレインまで一定であることから，

$$\int_0^L I_\mathrm{D} dx = I_\mathrm{D} L = \mu C_\mathrm{ox} W \int_0^{V_\mathrm{D}} (V_\mathrm{G} - V_\mathrm{T} - \phi) d\phi$$

$$\longrightarrow I_\mathrm{D} = \mu C_\mathrm{ox} \frac{W}{L} \left\{ (V_\mathrm{G} - V_\mathrm{T}) V_\mathrm{D} - \frac{V_\mathrm{D}^2}{2} \right\}$$

と求めることができる．この解法を**グラジュアルチャネル近似**と呼ぶ（図 2.4）．

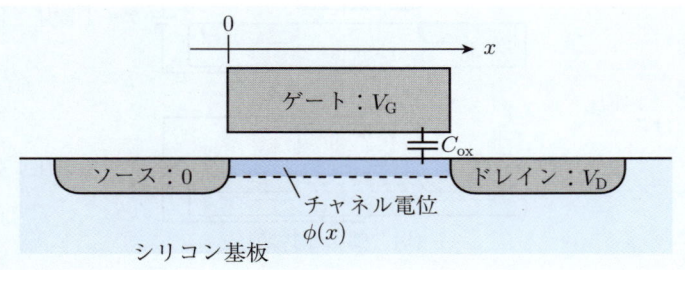

図 2.4　線形領域における MOS トランジスタの解析（グラジュアルチャネル近似）

2.4 飽和領域と弱反転領域

ソース–ドレイン間電圧がさらに大きくなり，$\phi > V_G - V_T$ となるとき，

$$Q_C = C_{ox}(V_G - \phi - V_T)$$

が負となる．実際には電荷密度が負にはならずチャネルが消滅した状態となる（図 2.5）．この $Q_C = 0$ となる点を**ピンチオフ点**と呼び，ピンチオフ点がちょうどドレイン端にあるときのドレイン電圧を飽和電圧

$$V_{DSAT} \approx V_G - V_T$$

と呼び，それよりドレイン電圧が高い場合，ピンチオフ点からドレイン側では，低濃度のキャリアが高速の一定速度（=**飽和速度**）で流れることになる．この領域におけるドレイン電流は一定速度の流れがチャネル中に存在するためドレイン電圧によらず一定値となる．この動作を行う電圧範囲を**飽和領域**と呼び，電流がドレイン電圧によらず

$$I_D = \mu C_{ox} \frac{W}{L} \frac{(V_G - V_T)^2}{2}$$

と一定であることから，アナログ回路では飽和領域を用いることが多い．

一方，チャネル（反転層）が完全に形成されていない状態でも，弱いドレイン電流が流れる．この領域のことを**弱反転領域**（もしくは**サブスレショルド領域**）と呼び，弱反転領域では，チャネルキャリア密度がチャネル電位に対して指数関数的に変化することから，ドレイン電流がゲート電圧に対して指数関数的に増加する．このときドレイン電流は，

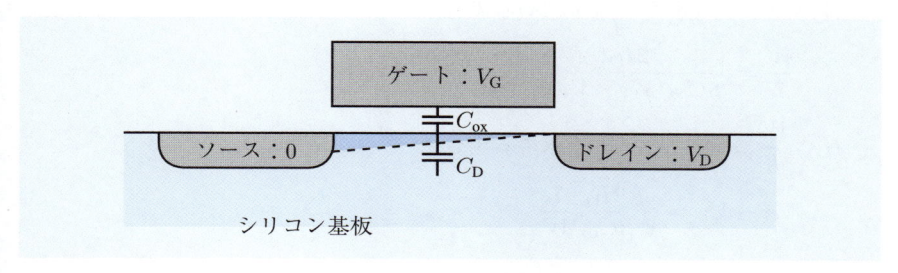

図 2.5　サブスレショルド係数

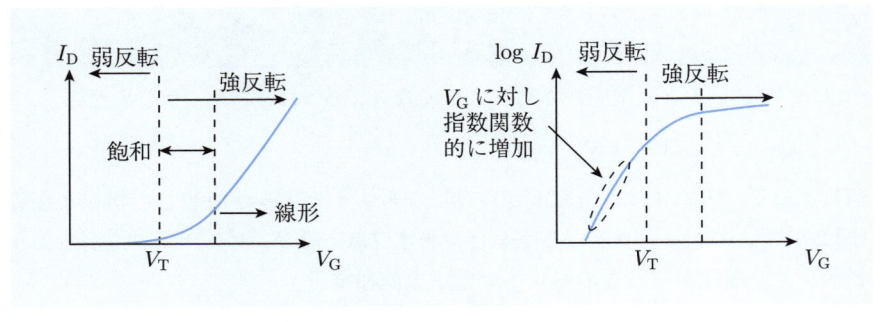

図 2.6 弱反転領域と強反転領域の電流

$$I_D = I_{D_0} \frac{W}{L} e^{\frac{qV_G}{kT}}$$

となる．ただしこの式は，酸化膜容量 $C_{ox} = \varepsilon_{ox}/t_{ox}$，空乏層容量 $C_D = \varepsilon_{Si}/t_D$ とした場合のゲート電圧がチャネル電位に与える影響（**サブスレショルド係数**）を

$$n = 1 + \frac{C_D}{C_{ox}} \approx 1$$

と近似したものである．図 2.6 は，ゲート電圧の変化に対するドレイン電流の変化およびトランジスタの動作領域を表したものである．

飽和領域では，

$V_G - V_T, \dfrac{W}{L}$ から I_D を求める場合：
$$I_D = \mu C_{ox} \frac{W}{L} \frac{(V_G - V_T)^2}{2}$$

$V_G - V_T, I_D$ から $\dfrac{W}{L}$ を求める場合：
$$\frac{W}{L} = \frac{2I_D}{\mu C_{ox}(V_G - V_T)^2}$$

$I_D, \dfrac{W}{L}$ から $V_G - V_T$ を求める場合：
$$V_G - V_T = \sqrt{\frac{2I_D}{\mu C_{ox}} \frac{L}{W}}$$

となる．

2.5 MOSトランジスタと相互コンダクタンス

MOSトランジスタはゲート電圧によりドレイン電流を制御する素子で、ゲート電圧の変化あたりのドレイン電流変化を**相互コンダクタンス** g_m と呼び、飽和領域においては以下のように求めることができる（なお、相互コンダクタンスは伝達コンダクタンスと表記されることもある）。

$$g_\mathrm{m} = \frac{\partial I_\mathrm{D}}{\partial V_\mathrm{G}} = \mu C_\mathrm{ox} \frac{W}{L} \frac{V_\mathrm{G} - V_\mathrm{T}}{1} = \frac{2I_\mathrm{D}}{V_\mathrm{G} - V_\mathrm{T}}$$

このことから、相互コンダクタンスは、W/L 一定の場合には、$(V_\mathrm{G} - V_\mathrm{T})$ に比例し、I_D 一定の場合には $(V_\mathrm{G} - V_\mathrm{T})$ に反比例する。

一方、弱反転領域（サブスレショルド領域）においては、ドレイン電流はゲート電圧に対して指数関数的に増大するため、相互コンダクタンスは、

$$g_\mathrm{m} = \frac{\partial I_\mathrm{D}}{\partial V_\mathrm{G}} = \frac{q}{kT} I_{\mathrm{D}_0} \frac{W}{L} e^{\frac{qV_\mathrm{G}}{kT}} = \frac{q}{kT} I_\mathrm{D}$$

となり、g_m は I_D により一意に決まることになる。

したがって、ドレイン電流あたりの相互コンダクタンスを図示すると、図2.7のようになる[1]。

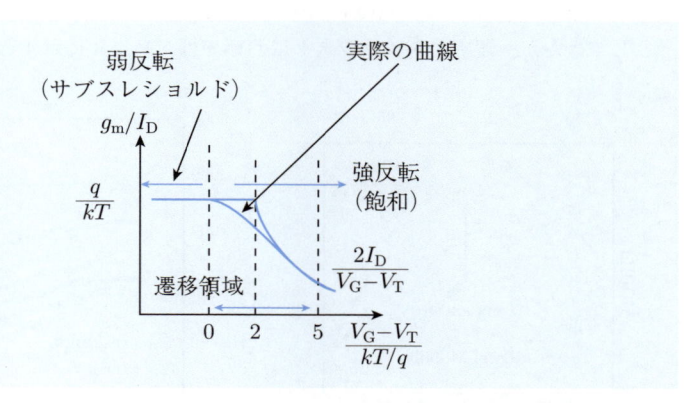

図2.7 ドレイン電流あたりの相互コンダクタンスのゲート電圧に対する変化

---

[1] T. Sakurai, IEEE JSSC. V. 25, N. 2, pp. 584–594, 1990.

2.6 チャネル長変調効果

飽和領域においては，図 2.9 のとおりピンチオフ点がドレイン電圧の上昇に伴ってソース側に移動することから，チャネル長が減少することになり，ドレイン電流が増加する．これを**チャネル長変調効果**と呼び，ゲート長に反比例してチャネル長変調効果が大きくなる．具体的には，

$$L' = L - \Delta L \longrightarrow \frac{1}{L'} \approx \frac{1}{L}\left(1 + \frac{\Delta L}{L}\right)$$
$$= \frac{1}{L}(1 + \lambda V_{\mathrm{DS}})$$

ただし，

$$\frac{\Delta L}{L} = \lambda V_{\mathrm{DS}}$$

である．このことから，飽和領域のドレイン電流は，

$$I_{\mathrm{d}} = \mu C_{\mathrm{ox}} \frac{W}{L} \frac{(V_{\mathrm{GS}} - V_{\mathrm{TH}})^2}{2}(1 + \lambda V_{\mathrm{DS}})$$

となる．

☕ トランジスタ特性と速度飽和

ここまでの説明では，MOS トランジスタのキャリア移動度 μ が一定であるとしてきたが，現実のトランジスタにおいては，図 2.8 に示すとおり電界により

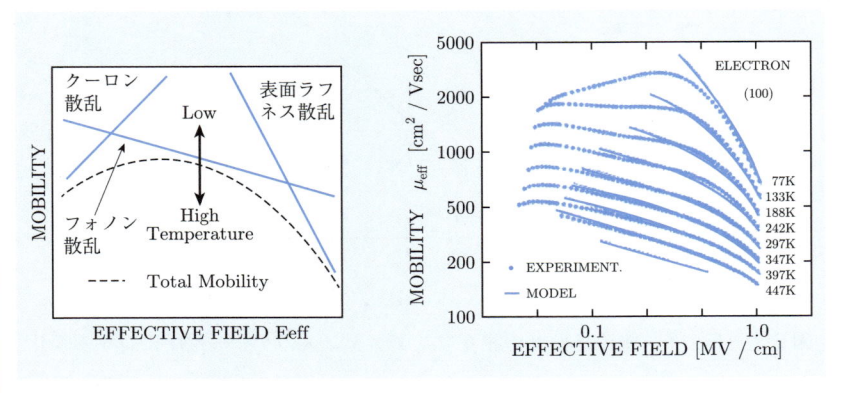

図 2.8 電界と移動度 [S. Takagi, IEEE T-ED, V.41, N.12, pp. 2357–2362, 1994.]

2.6 チャネル長変調効果

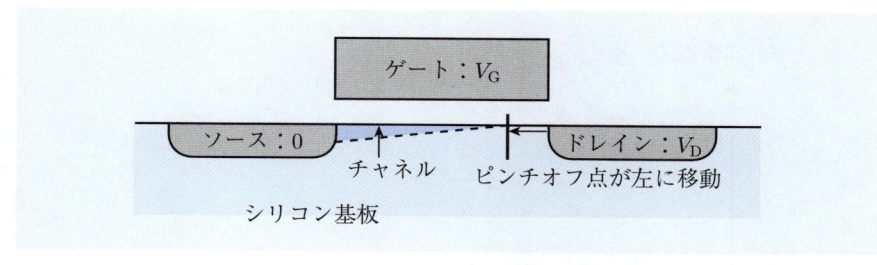

図 2.9 飽和領域におけるドレイン端でのチャネルの消失（ピンチオフ）

　チャネル長変調効果は，ドレイン電圧の変化分に対するドレイン電流の変化分とみることができるため，トランジスタの**出力コンダクタンス**として，

$$r_\mathrm{o} = \frac{1}{g_\mathrm{D}} = \frac{1}{\lambda I_\mathrm{D}}$$

と表現できる．典型的には，NMOS では $\lambda_\mathrm{n} \sim 0.1$，PMOS で $\lambda_\mathrm{p} \sim 0.2$ である．なお，チャネル長変調効果がチャネル長に反比例することから，チャネル長が長いほど出力コンダクタンスが大きくなる．

　速度飽和現象が存在するなど，キャリア移動度 μ 一定としては取り扱うことができない．移動度が変化する要因は大別すると，チャネルにおけるゲートから基板に向かう垂直電界，およびソースからドレインに向かう水平電界による効果があげられる．

　MOS トランジスタではそもそも，垂直電界により反転層が形成されるが，この反転層におけるキャリア移動度は，フォノン散乱，クーロン散乱，界面ラフネス散乱により特徴づけられる．特に垂直電界の高い領域（つまり，ゲート電圧の高い領域）では図 2.8 左のように界面ラフネス散乱の影響を大きく受けることになり，結果的に，移動度が低下し，したがって電流が前述の式と比べて低下することとなる．

　さらに，微細なトランジスタでは，ソース–ドレイン間の電界が高まり，移動度が速度飽和を起こし，結果的に飽和領域のドレイン電流 I_D が $(V_\mathrm{G} - V_\mathrm{T})$ の二乗領域からずれてくる．これに対応する経験則として，$I_\mathrm{D} = \mu C_\mathrm{OX} \dfrac{W}{L} \dfrac{(V_\mathrm{G} - V_\mathrm{T})^\alpha}{2}$ なる桜井の α 乗則 [*] が用いられる場合がある．ただし，α は 1～2 であり，通常は $\alpha = 1.3$ 程度となる．

---

[*] T. Sakurai, IEEE JSSC. V. 25, N. 2, pp. 584–594, 1990.

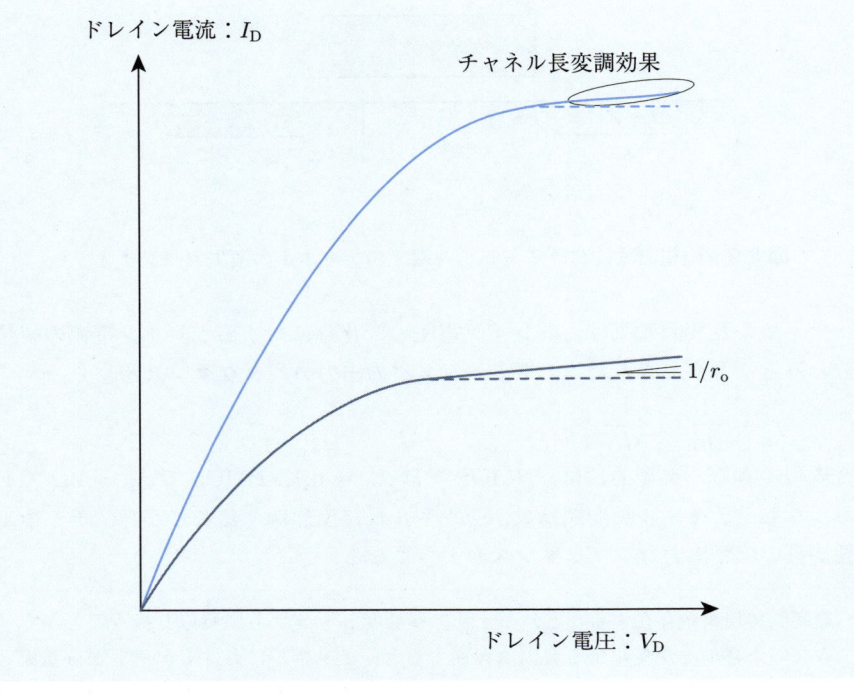

図 2.10 チャネル変調効果を加味した飽和領域のドレイン電流の変化

2.7 基板バイアス効果とサブスレショルド係数

一方，基板に負のバイアス電圧を与えた場合，チャネル下の固定電荷が増えるため空乏層がのび，反転電位が上昇するため MOS トランジスタの閾値電圧が上昇する．この現象を**基板バイアス効果**（単に**基板効果**と呼ぶ場合もある）と呼ぶ（図 2.11）．

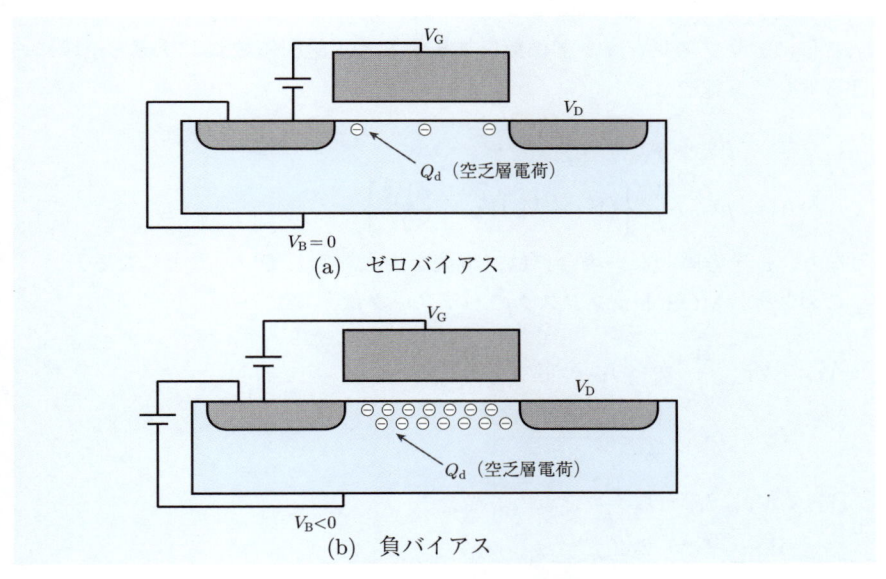

図 2.11 基板バイアス効果

ゼロバイアスでの閾値電圧を V_{TH0}，基板を基準としたときのソース電位を V_{SB}，反転電位を Φ_F としたときに，基板バイアス効果は閾値電圧 V_{TH} の変化として，

$$V_{TH} = V_{TH0} + \gamma(\sqrt{2\Phi_F + V_{SB}} - \sqrt{2\Phi_F})$$

と表現される．ただし，

$$\gamma = \frac{\sqrt{2q\varepsilon_{Si}N_{SUB}}}{C_{ox}}$$

を**基板バイアス係数**と呼ぶ．このことから，ソース電位を上げるほど，もしくは基板電位を下げるほど閾値電圧は上昇する．また，基板の不純物濃度 N_{SUB}

が大きいほど，もしくは C_ox が小さいほど基板バイアス係数が大きくなる．

サブスレショルド係数は，
$$n = 1 + \frac{C_\text{D}}{C_\text{ox}} \approx 1.3 \sim 1.6$$
であり，サブスレショルド領域におけるドレイン電流は，次式のようになる．

$$I_\text{D} = I_\text{D0} \frac{W}{L} e^{\frac{qV_\text{G}}{nkT}}$$

さらに，サブスレショルド係数を加味すると，飽和領域および線形領域におけるドレイン電流は，

$$I_\text{D} = \mu C_\text{ox} \frac{W}{L} \frac{(V_\text{G} - V_\text{T})^2}{2n},$$
$$I_\text{D} = \mu C_\text{ox} \frac{W}{L} \left\{ (V_\text{G} - V_\text{T})V_\text{D} - \frac{nV_\text{D}^2}{2} \right\}$$

となり，n を考慮しない場合には，電流を過大評価していることになる．

このとき，MOS トランジスタのパラメータは，

$V_\text{G} - V_\text{T},\ \dfrac{W}{L}$ から I_D を求める場合：
$$I_\text{D} = \mu C_\text{ox} \frac{W}{L} \frac{(V_\text{G} - V_\text{T})^2}{2n}$$

$V_\text{G} - V_\text{T},\ I_\text{D}$ から $\dfrac{W}{L}$ を求める場合：
$$\frac{W}{L} = \frac{2nI_\text{D}}{\mu C_\text{ox}(V_\text{G} - V_\text{T})^2}$$

$I_\text{D},\ \dfrac{W}{L}$ から $V_\text{G} - V_\text{T}$ を求める場合：
$$V_\text{G} - V_\text{T} = \sqrt{\frac{2nI_\text{D}}{\mu C_\text{ox}} \frac{L}{W}}$$

のように変化し，飽和領域における相互コンダクタンスは，

$$g_\text{m} = \frac{\partial I_\text{D}}{\partial V_\text{G}} = \mu C_\text{ox} \frac{W}{L} \frac{V_\text{G} - V_\text{T}}{n} = \frac{2I_\text{D}}{V_\text{G} - V_\text{T}}$$

弱反転領域における相互コンダクタンスは，次式のようになる．

$$g_\text{m} = \frac{\partial I_\text{D}}{\partial V_\text{G}} = \frac{q}{nkT} I_{\text{D}_0} \frac{W}{L} e^{\frac{qV_\text{G}}{nkT}} = \frac{q}{nkT} I_\text{D}$$

2章の問題

1 次のパラメータのNMOSトランジスタに関して以下の(1)〜(6)に答えよ．数値は2桁で答えよ

表 2.2

閾値電圧 $V_{\rm th}$	0.7 V	チャネル長変係数 λ	0.1 V^{-1}
移動度 μ	350 cm^2/V/s	ゲート酸化膜厚 $T_{\rm ox}$	9e-9 m

(1) 1 m^2 あたりのゲート酸化膜容量を求めよ．ただし，ゲート酸化膜の比誘電率 $\varepsilon_{\rm r} = 4$，真空中の誘電率 $\varepsilon = 9 \times 10^{-12}\,[{\rm F/m}]$ とせよ．

(2) ゲート長 $L = 0.5\,[\mu{\rm m}]$，ゲート幅 $W = 50\,[\mu{\rm m}]$，ドレイン–ソース間電圧 $V_{\rm ds} = 5\,[{\rm V}]$，ゲート–ソース間電圧 $V_{\rm gs} = 5\,[{\rm V}]$ のときのドレイン電流 $I_{\rm d}$ を求めよ．

(3) NMOSトランジスタを飽和領域で動作させ，閾値電圧 $V_{\rm th}$ より 0.2 V 高いゲート–ソース間電圧 $V_{\rm gs}$ を加えたときドレイン電流 $I_{\rm d} = 1\,[{\rm mA}]$ 流れた．このとき，ゲート幅はゲート長の何倍となるか求めよ．また，このときの相互コンダクタンス $g_{\rm m}$ を求めよ．

(4) (2)のトランジスタにおいて，$V_{\rm ds} = 5\,[{\rm V}]$ のときに，$V_{\rm gs} = 0\,{\rm V}$–$V_{\rm gs} = 5\,[{\rm V}]$ まで変化したときの $I_{\rm d}$ の概形を描け．

(5) (2)のトランジスタにおいて，$V_{\rm gs} = 5\,[{\rm V}]$ のときに，$V_{\rm ds} = 0\,[{\rm V}]$–$V_{\rm ds} = 5\,[{\rm V}]$ まで変化したときの $I_{\rm d}$ の概形を描け．

(6) (2)のトランジスタにおいて，$V_{\rm ds} = 3\,[{\rm V}]$，$I_{\rm d} = 0.5\,[{\rm mA}]$ のときのゲート電圧を求めよ．また，そのときの相互コンダクタンス $g_{\rm m}$ を求めよ．

2 チャネル長変調効果を考慮した場合，$\mu C_{\rm ox} \dfrac{W}{L} = 10\,[{\rm mA/V^2}]$，チャネル長変調係数 $\lambda = 0.10$，閾値電圧 $V_{\rm TH} = 0.7\,[{\rm V}]$ とするとき，ドレイン電圧 $V_{\rm DS} = 5\,[{\rm V}]$，ゲート電圧 $V_{\rm GS} = 3\,[{\rm V}]$ のときのドレイン電流を求めよ．

3 小信号等価回路

　MOS トランジスタを用いたアナログ電子回路の解析にあたり有効となる，小信号解析の考え方および MOS トランジスタの小信号等価回路について述べる．

> **3 章で学ぶ概念・キーワード**
> - 小信号等価回路
> - 容量モデル

3.1 非線形特性の線形化と小信号特性

一般に MOS トランジスタ，バイポーラトランジスタなど**能動素子**は**非線形特性**があるため，動作の解析が困難である．そのため図 3.1 のように，動作の基準点（**バイアス点**）の近傍の微小範囲（**小信号**）において**線形化**することで非線形回路を線形近似し解析を行う．

下図における x_0, y_0 の周囲の微小区間 $\Delta x, \Delta y$ に対して，

$$y_0 + \Delta y = g(x_0 + \Delta x)$$
$$\approx g(x_0) + \left.\frac{dg}{dx}\right|_{x=x_0} \Delta x$$

と近似できることから，

$$\Delta y \approx \left.\frac{dg}{dx}\right|_{x=x_0} \Delta x = \alpha \Delta x$$

と線形近似することができる．

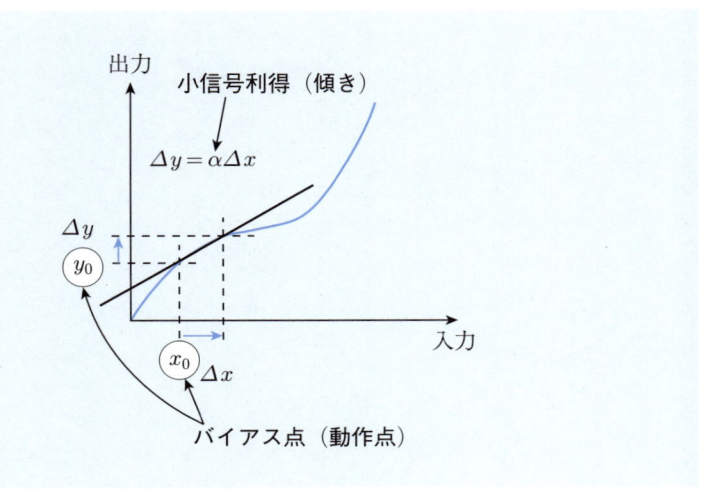

図 3.1 非線形関数のバイアス点と小信号利得

3.2 MOSの小信号モデル

3.1節の微小区間における線形近似による回路の表現を**小信号等価回路**表現と呼ぶ．この小信号等価回路においては，直流定電圧源はショート，直流定電流源はオープンとして表現する．飽和領域におけるMOSトランジスタの**小信号モデル**は図3.2のように表すことができる．

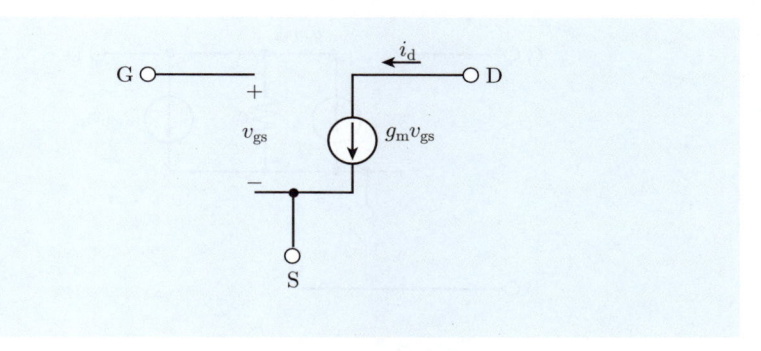

図3.2 MOSトランジスタの小信号モデル

ただし，v_{gs}はゲート-ソース間電圧の小信号成分を表し，i_dはドレイン電流の小信号成分を表す．また，g_mは前章で求めた**相互コンダクタンス**である．この基本モデルに，**チャネル長変調効果**による**出力抵抗**（r_o）を加味した場合，小信号モデルは図3.3のようになる．

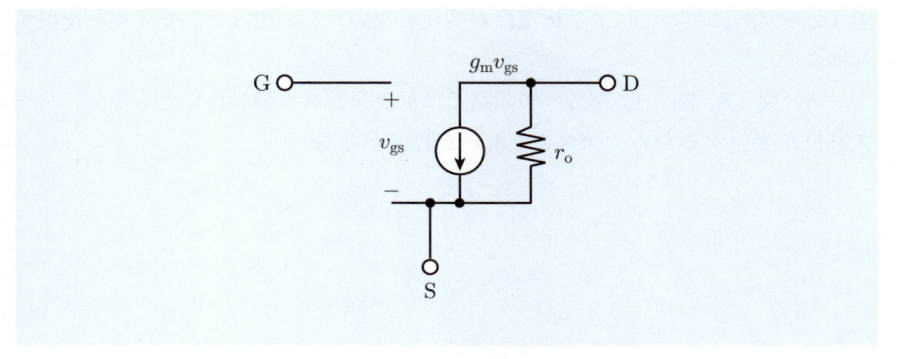

図3.3 チャネル長変調効果を加味した小信号モデル

さらに，**基板バイアス効果**は g_{mb} による電流源として表現可能であることから，これを加味すると図 3.4 のようになる．なお，

$$g_{mb} = g_m \frac{\gamma}{2\sqrt{2\Phi_F + V_{SB}}}$$

であり，2.7 節で導入したように，γ を基板バイアス係数と呼ぶ．

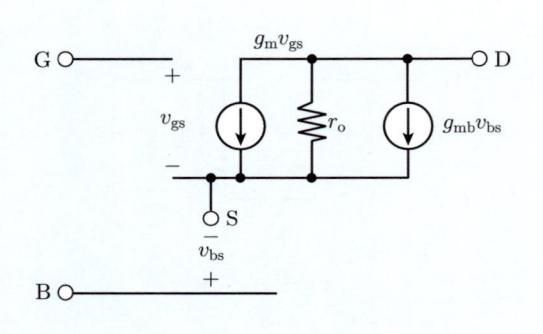

図 3.4 基板バイアス効果を加味した小信号モデル

実際には，トランジスタの使用に応じてこれら図 3.2〜3.4 を使い分けることになる．

例えば，回路動作を簡単に理解するためには，図 3.2 で近似すればよい．解析の精度を向上させるためには図 3.3 もしくは図 3.4 を用いることになるが，図 4.2 の回路においては，基板電位が変化しないため，図 3.3 のモデルを使用すればよい．

一方，図 4.8，図 5.1，図 5.8 の回路ではトランジスタの動作にともない，ソース電位が変化するため，図 3.4 を用いる必要がある．

3.3 MOSの容量モデル

MOSトランジスタをモデル化し動特性を表現するためには，図3.5に示すとおりの容量成分を考慮する必要がある．

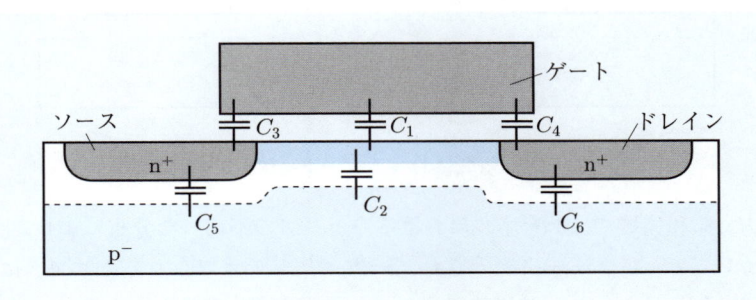

図3.5　MOSトランジスタの容量モデル

ただし，

C_1：ゲート–チャネル間容量：$C_1 = WLC_{ox}$

C_2：チャネル–基板間空乏層容量：$C_2 = WL\sqrt{\dfrac{q\varepsilon_{si}N_{sub}}{2\Phi_F}}$

C_3, C_4：ソース／ドレイン–ゲートオーバーラップ容量：
$$C_3, C_4 = C_{ov}W$$

C_5, C_6：ソース／ドレイン–基板接合容量：$C_5, C_6 = C_j + C_{jsw}$

（ただし，C_j：接合底面容量，C_{jsw}：接合側壁容量）

である．これらの容量のうち特にゲート–チャネル間容量はMOSの動作領域（チャネルの形成）によって変化する．

線形領域においては，チャネルがソース–ドレイン間に均等に生成されると近似できることから，図3.6のようにゲート–チャネル間容量C_1はソースとドレインに等分され，ソース–ゲート間容量（C_{gs}）とドレイン–ゲート間容量（C_{gd}）は，

$$C_{gs} = \frac{C_1}{2} + C_3 \quad \left(C_{gd} = \frac{C_1}{2} + C_4\right)$$

となる．

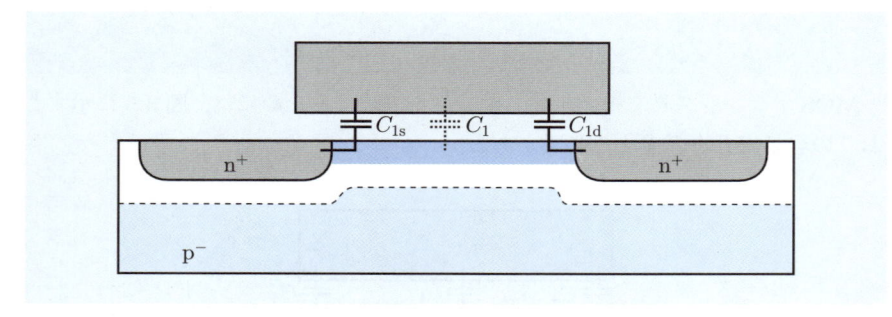

図 3.6 線形領域におけるゲート–チャネル間容量

一方，飽和領域ではチャネルにおけるキャリアの不均一な分布により，図 3.7 のように $\frac{2}{3}C_1$ がソースに配分され，一方，ピンチオフされるため C_1 はドレインには配分されない．結果的に，ゲート電圧を変化させた場合の C_{gs}, C_{gd} は図 3.8 のように変化することになる．

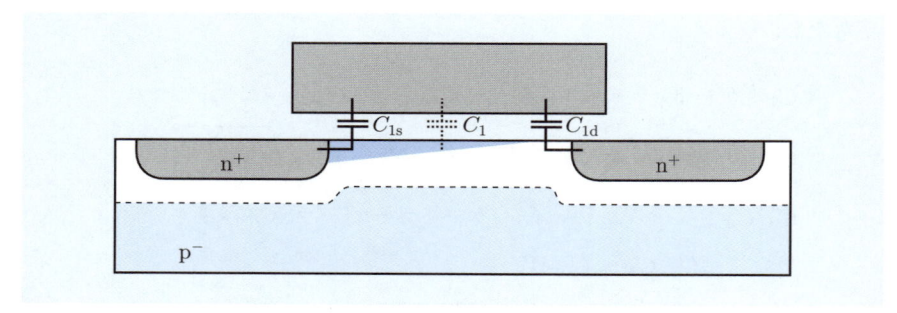

図 3.7 飽和領域におけるゲート–チャネル間容量

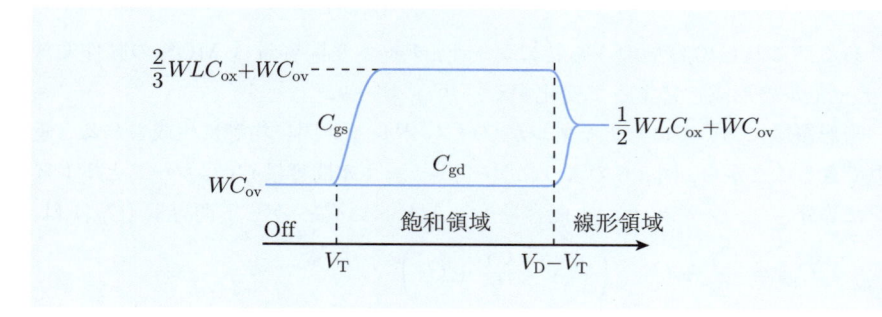

図 3.8 ゲート電圧とゲート容量の変化

3.3 MOS の容量モデル

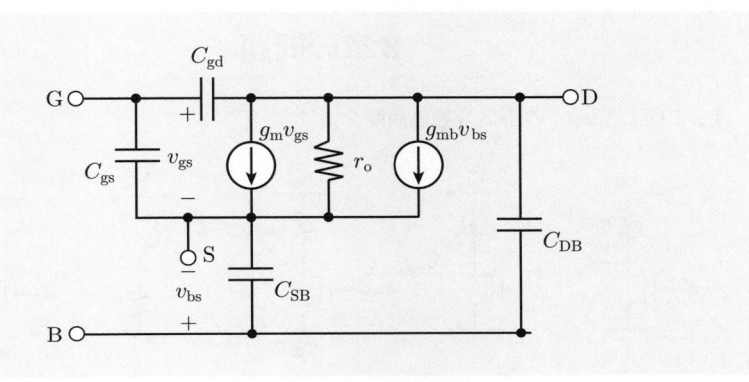

図 3.9 MOS 小信号等価回路モデル

この容量を含めた MOS 小信号等価回路は図 3.9 のようになる．
これを，飽和領域における主要成分のみで簡略化すると図 3.10 のようになる．

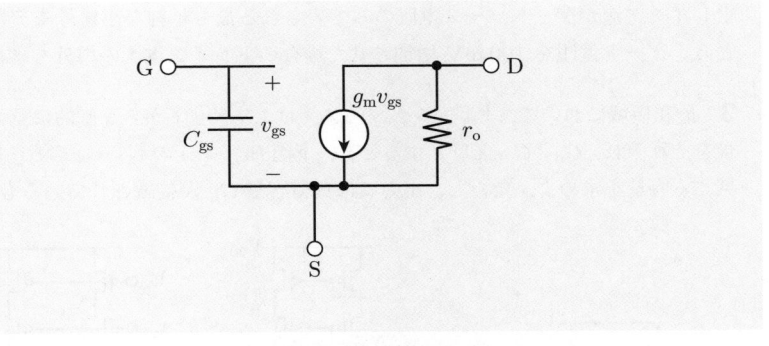

図 3.10 飽和領域の主要成分

3章の問題

☐ **1** 下図 (a)〜(e) の小信号等価回路を描け.

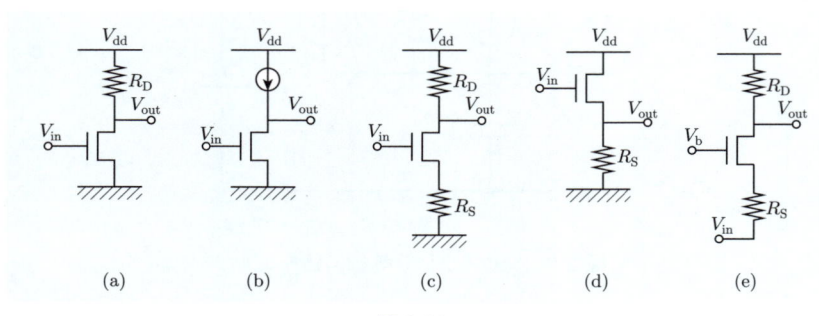

図 3.11

☐ **2** 相互コンダクタンス $g_\mathrm{m} = 10\,\mathrm{mS}$ の飽和領域で動作する MOSFET において，ドレイン電流がゲートソース電圧のみで表される最も単純な小信号モデルを考えるとき，ゲート電圧を $100\,\mathrm{mV}$ 増加させた場合のドレイン電流の増分を求めよ.

☐ **3** 飽和領域において，ドレイン，ソース，およびゲートから等価的に見える対地容量をそれぞれ，C_d, C_s, C_g とするとき，下図 (a)〜(c) の $\mathrm{N}_1, \cdots, \mathrm{N}_{11}$ 各ノードで見える容量を求めよ．ただし，出力には負荷容量 C_L が接続されているものとせよ.

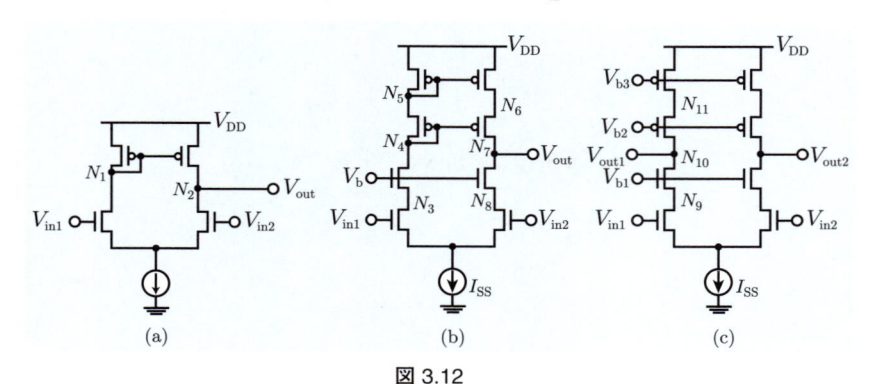

図 3.12

4 基本増幅回路 I
——ソース接地回路

　MOSトランジスタを用いた基本増幅回路としてソース接地回路について，その動作および小信号等価回路を用いた解析について述べる．

> **4章で学ぶ概念・キーワード**
> - ソース接地回路
> - 入出力特性
> - 小信号等価回路
> - 抵抗負荷・定電流源負荷
> - 非線形性の改善

第 4 章 基本増幅回路 I—ソース接地回路

4.1 3端子素子を用いた増幅回路

　増幅回路とは，図 4.1 に示すとおり，電源から供給されるエネルギーを使用して，入力信号と相似の出力信号を合成する回路である．電気回路は通常 4 端子（入力 2 端子，出力 2 端子）で実現されるが，MOS は 3 端子素子であるため，そのいずれかの端子を入力・出力に共通な端子として使用することになる．

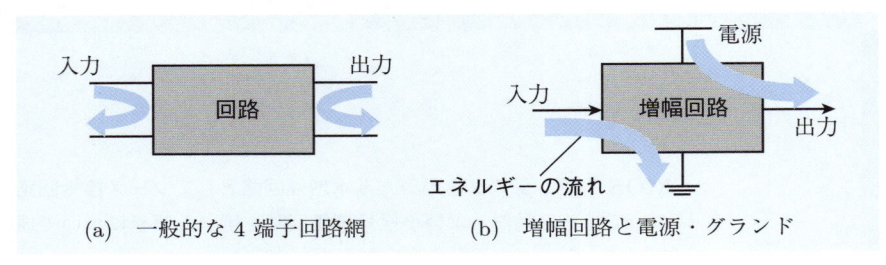

　(a) 一般的な 4 端子回路網　　(b) 増幅回路と電源・グランド

図 4.1　増幅回路と電源・グランド

　この共通に使用する端子によって，表 4.1 のとおりソース接地回路，ゲート接地回路，ドレイン接地回路（一般的にはソースフォロワーと呼ぶ）の 3 種類の増幅回路が構成可能である．MOS トランジスタはゲート–ソース間電圧によりドレイン電流が制御される素子であるため，ゲートもしくはソースが入力端子となり，ドレインもしくはソースが出力端子となる．また，電圧増幅回路としての動作は，図に示すとおり負荷抵抗によりドレイン電流を電圧に変換する抵抗負荷型ソース接地回路が基本回路となる．

表 4.1　MOS トランジスタを用いた増幅回路

回路	回路図	共通端子	入力	出力
ソース接地回路	入力 (G), 出力 (D)	ソース	ゲート–ソース	ドレイン–ソース
ゲート接地回路	入力 (S), 出力 (D)	ゲート	ソース–ゲート	ドレイン–ゲート
ドレイン接地回路（ソースフォロワー）	入力 (G), 出力 (S)	ドレイン	ゲート–ドレイン	ソース–ドレイン

4.2 ソース接地回路

例1 $L = 1.0$, $W = 10.1$, $\mu C_\mathrm{ox} = 0.1\,[\mathrm{mA/V^2}]$, $V_\mathrm{th} = 1.0$ のトランジスタを用いた抵抗負荷型ソース接地回路（図 4.2）について考えてみよう．

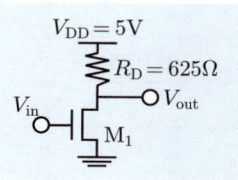

図 4.2 抵抗負荷型ソース接地増幅回路

MOS トランジスタのゲート電圧をパラメータとし，ドレイン電圧–ドレイン電流特性を図示すると図 4.3 のようになる．これを MOS トランジスタの **I–V カーブ**もしくは**静特性**と呼ぶ．ここに，**負荷抵抗**として $R_\mathrm{D} = 625\,[\Omega]$ を接続す

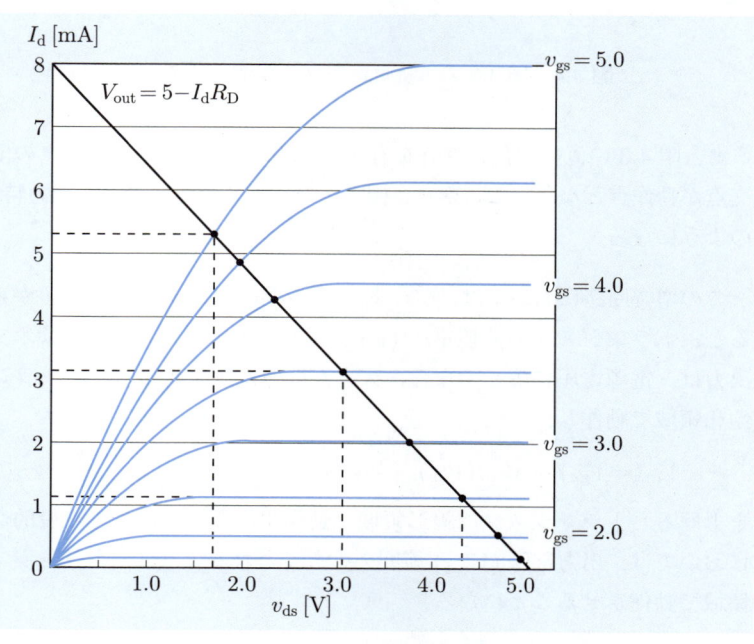

図 4.3　図 4.2 の MOS トランジスタの静特性と負荷特性

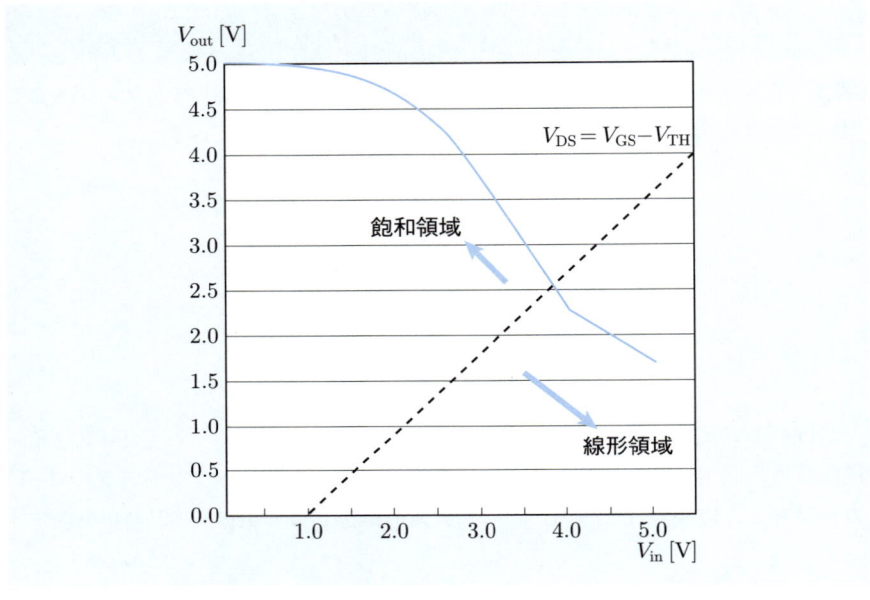

図 4.4 図 4.2 の抵抗負荷型ソース接地回路の入出力特性

ると，図 4.3 の直線の負荷特性を有するため，MOS トランジスタの静特性との交点が動作点となる．ここから，図 4.2 のソース接地回路の**入出力特性**は図 4.4 のようになる． □

この増幅回路においては，ゲート–ソース間電圧（入力）を 0 V から増加させると，トランジスタの閾値電圧 (V_{th}) 以下では，トランジスタはオフするため出力は，電源電圧に等しくなる．入力が閾値電圧を超えると，トランジスタは飽和領域で動作し，

$$V_{\mathrm{in}}(= V_{\mathrm{gs}}) = V_{\mathrm{out}}(V_{\mathrm{ds}}) + V_{\mathrm{th}}$$

を上回るとトランジスタは線形領域で動作することになる．一般的な増幅回路においては，出力電圧 (V_{out}) 範囲を大きくとれるように，トランジスタを飽和領域で動作させることになる．

4.2 ソース接地回路

例題 4.1

$g_\mathrm{m} = 10\,[\mathrm{mS}]$ の MOS トランジスタと負荷抵抗 $R_\mathrm{D} = 625\,[\Omega]$ による抵抗負荷型ソース接地回路を小信号等価回路を用いることで解析せよ.

【解答】 MOS トランジスタは図 3.2 のように制御電流源のみで表現される小信号モデルを用いる.電源は定電圧源であることから,小信号等価回路においてはショートとして取り扱う.また,入力電圧 V_in はバイアス成分(定電圧 V_0)と変位成分 (v_in) に分解し,小信号等価回路では変位成分 v_in のみを考えることになる.このとき,

$$v_\mathrm{out} = g_\mathrm{m} \cdot v_1 \cdot R_\mathrm{D} = g_\mathrm{m} \cdot v_\mathrm{in} \cdot R_\mathrm{D}$$

となることから,電圧増幅率

$$A_\mathrm{v} = \frac{v_\mathrm{out}}{v_\mathrm{in}} = g_\mathrm{m} \cdot R_\mathrm{D}$$
$$= 10\,\mathrm{m} \times 625 = 6.25$$

となる.

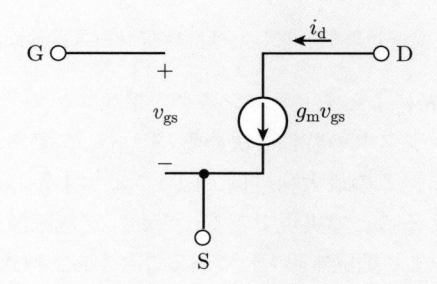

図 3.2 MOS トランジスタの小信号モデル(再掲)

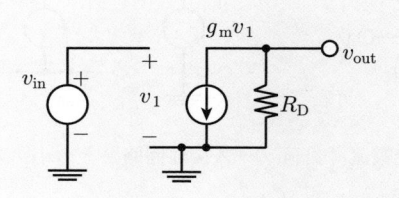

図 4.5 抵抗負荷ソース接地等価回路の小信号等価回路

4.3 ソース接地回路とチャネル長変調効果

実際には，トランジスタが飽和領域で動作するときには，チャネル長変調効果に起因するトランジスタの出力抵抗（r_o）を考慮する必要があり，小信号等価回路は図 4.6 のようになり，電圧増幅率は，

$$A_\mathrm{v} = g_\mathrm{m} \cdot (R_\mathrm{D} \| r_\mathrm{o})$$

となる[1]．このとき，電圧増幅率が最大となるのは，$R_\mathrm{D} \to \infty$ のときであり，

$$A_\mathrm{v} = g_\mathrm{m} \cdot r_\mathrm{o}$$

となる．

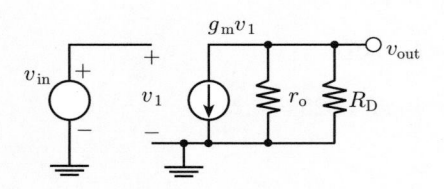

図 4.6 チャネル長変調効果を加味した抵抗負荷ソース接地回路の小信号等価回路

この $g_\mathrm{m} \cdot r_\mathrm{o}$ は回路によらずトランジスタの相互コンダクタンスと出力抵抗の積で決まり，トランジスタの特性を決めるパラメータであり，**トランジスタの最大利得**と呼ばれる．この最大利得は，図 4.7 に示すとおり，負荷抵抗を定電流源負荷に置き換えることで実現できる．なお，定電流源は，小信号等価回路においては解放（つまり抵抗無限大）であることから，数式上の $R_\mathrm{D} \to \infty$ と符合する．

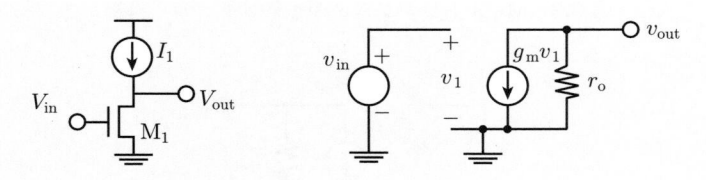

図 4.7 定電流源負荷ソース接地回路とその小信号等価回路

---

[1] $R_\mathrm{D} \| r_\mathrm{o} = \dfrac{R_\mathrm{D} r_\mathrm{o}}{R_\mathrm{D} + r_\mathrm{o}}$ を表す．

4.4 非線形性の改善とソース帰還抵抗付きソース接地回路

増幅回路において，増幅率の線形性が重要である．前述の小信号等価回路における増幅率の解析では，g_m や r_o が変化しない微小な入力信号範囲を仮定しているが，実際にはトランジスタの相互コンダクタンス g_m はドレイン電流 I_D に比例するため，ソース接地回路の入出力特性は非線形な特性を示すことになる．この非線形性の改善には，図 4.8 に示すようにソースに抵抗を追加することで，局所帰還を行うことが有効である．

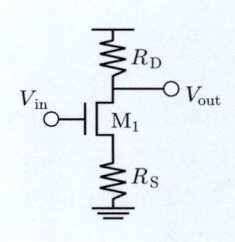

図 4.8 ソース抵抗付きソース接地回路

このソース抵抗付きソース接地回路の小信号等価回路は図 4.9 のとおりとなる．ここで

$$v_\mathrm{out} = -i_\mathrm{out} R_\mathrm{D}$$

$$v_\mathrm{in} = v_1 + v_\mathrm{s}$$

$$v_\mathrm{s} = i_\mathrm{out} R_\mathrm{S}$$

$$v_\mathrm{out} = -\frac{R_\mathrm{D}}{\dfrac{1}{g_\mathrm{m}} + R_\mathrm{S}} v_\mathrm{in}$$

であることから，電圧増幅率は，

$$A_\mathrm{v} = -\frac{R_\mathrm{D}}{\dfrac{1}{g_\mathrm{m}} + R_\mathrm{S}}$$

となる．ここで，ソース抵抗 $R_\mathrm{S} \gg \dfrac{1}{g_\mathrm{m}}$ となる条件においては，電圧増幅率は，

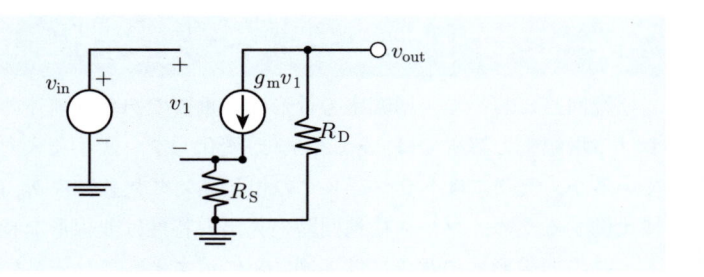

図 4.9 ソース抵抗付きソース接地回路の小信号等価回路

$$A_\mathrm{v} = -\frac{R_\mathrm{D}}{R_\mathrm{S}}$$

となる．これは，飽和領域において，図 4.9 に示すとおり g_m がある程度以上大きくなると，ソース抵抗 R_S によりゲインが頭打ちされることで，結果的に増幅回路の非線形性が改善されることを意味している．この線形性の改善は，利得を犠牲にすることで得られているともいうことができる（図 4.10）．

(a) MOS トランジスタの I_D, g_m

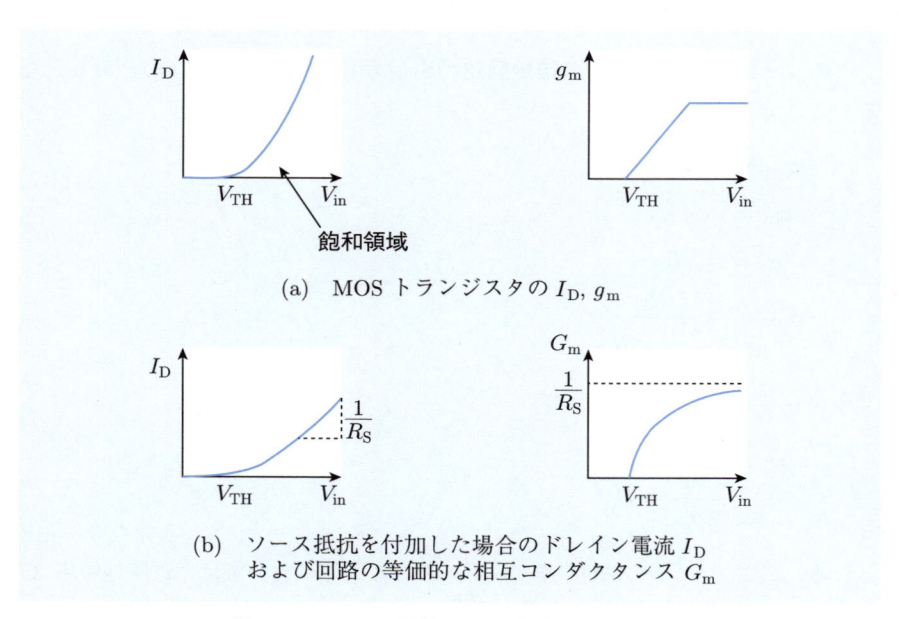

(b) ソース抵抗を付加した場合のドレイン電流 I_D および回路の等価的な相互コンダクタンス G_m

図 4.10 ソース抵抗による非線形性の改善

4.4 非線形性の改善とソース帰還抵抗付きソース接地回路

なお，本来は，チャネル長変調効果に加え，ソース電位がグランド電位から変化するため，基板効果を考慮した解析が必要であり，電圧増幅率は，

$$A_\mathrm{v} = \frac{R_\mathrm{D}}{\dfrac{1}{g_\mathrm{m}} + \left(\dfrac{1}{g_\mathrm{m} r_\mathrm{o}} + \dfrac{g_\mathrm{mb}}{g_\mathrm{m}} + 1\right) R_\mathrm{S}}$$

となる．前ページの電圧利得の近似式は，この式において最大利得が十分大きく（$g_\mathrm{m} r_\mathrm{o} \gg 1$），基板効果が無視できる（$g_\mathrm{m} \gg g_\mathrm{mb}$）とした場合に相当する．

☕ トランジスタ特性とコーナー条件

MOS トランジスタは，製造時のばらつきや，動作時の温度，電源電圧によって特性が変化する．回路を設計する場合には，これらを考慮に入れたマージンを持たせることが重要になり，Slow, Fast, Typical といった条件（コーナー条件）の範囲で動作するように検証を行うことになる．

製造ばらつきは，W, L のサイズによるばらつき，ゲート酸化膜の厚さのばらつき，チャネル等の不純物濃度のばらつきなどであり，飽和領域のドレイン電流 $I_\mathrm{D} = \mu C_\mathrm{OX} \dfrac{W}{L} \dfrac{(V_\mathrm{G} - V_\mathrm{T})^2}{2}$ の μ, C_OX, $\dfrac{W}{L}$, V_T が影響を受けることになる．一方，温度により μ, V_T が影響を受ける．閾値電圧 V_T は半導体中のキャリアが電流として流れだすための電界のエネルギーであるため，周囲の温度が上昇すると，キャリアが熱エネルギーを受け，より少ない電界エネルギーにより電流が流れだし，結果的に，閾値電圧 V_T が下がることになる．一般的には $-1 \sim -2\,\mathrm{mV/°C}$ 程度の温度係数を有する．したがって，温度が上昇するとドレイン電流が増加することになる．

一方，温度が上昇すると，チャネル中の原子核の熱エネルギーによる格子振動が激しくなり，キャリアの衝突確率が増大するため，移動度 μ が低下することになる．一般的にトランジスタで用いられる不純物濃度，室温では，移動度は，絶対温度の -1.5 乗に比例する．したがって，温度が上昇するとドレイン電流が低下する．したがって，ドレイン電流の温度依存性は，プロセスだけでなくゲート電圧によって異なることになる．

電源電圧は，5%〜10%程度の変動を考慮する．

4章の問題

☐ **1** 第2章演習問題1(2)のトランジスタに$4\,\mathrm{k\Omega}$の負荷抵抗を接続したソース接地増幅回路に電源電圧$V_{\mathrm{dd}} = 5\,[\mathrm{V}]$加えた場合の入力–出力電圧特性の概形を描け．

☐ **2** 演習問題1の入出力電圧特性のグラフを用いて，入力電圧$V_{\mathrm{in}} = 1\,[\mathrm{V}]$のときの増幅率を求めよ．

☐ **3** 第3章演習問題1(a), (b), (c)について以下の(1), (2)に答えよ．
(1) それぞれの電圧ゲインを$R_{\mathrm{D}}, R_{\mathrm{S}}, g_{\mathrm{m}}, g_{\mathrm{mb}}, r_{\mathrm{o}}$の必要なものを用いて解析的に求めよ．
(2) $R_{\mathrm{D}} = 5\,[\mathrm{k\Omega}], R_{\mathrm{S}} = 1\,[\mathrm{k\Omega}], g_{\mathrm{m}} = 10\,[\mathrm{mS}], g_{\mathrm{mb}} = 1\,[\mathrm{mS}], r_{\mathrm{o}} = 10\,[\mathrm{k\Omega}]$のとき，(1)の電圧ゲインを計算せよ．

5 基本増幅回路 II
——ゲート接地回路,ドレイン接地回路

ゲート接地回路,ドレイン接地回路(ソースフォロワー)について,小信号等価回路を用いたゲイン・入出力抵抗の解析法を述べる.

> **5章で学ぶ概念・キーワード**
> - 入出力抵抗
> - 抵抗値の変換
> - 電圧バッファ

第 5 章 基本増幅回路II―ゲート接地回路，ドレイン接地回路

5.1 ゲート接地回路

ゲート接地回路の基本は，図 5.1 に示されるようにゲートを接地（一定電圧でバイアス）し，ソースに入力信号を加え，ドレイン電圧を出力として動作させる回路である．このとき，ゲートが V_b でバイアスされることから，図 5.1(a) の回路では入力信号にバイアス電流が流れてしまい，入力信号とバイアス電流を独立に制御できない．

(a) 基本ゲート接地回路　　(b) 容量結合入力型ゲート接地回路

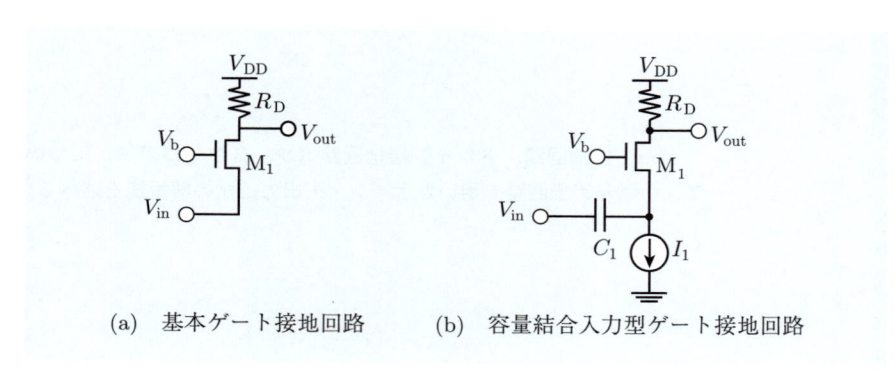

図 5.1　ゲート接地回路とそのバイアス

そこで，一般的には，バイアス電流を入力と独立させるために，入力を**容量結合**とする図 5.1(b) のような構成が用いられる．なお，この場合でも小信号等価回路的には図 5.1(a) と同一である．この回路は，$V_{in} > V_b - V_{th}$ で M_1 がオフすることから，図 5.2 に示すとおり**非反転動作**となる．

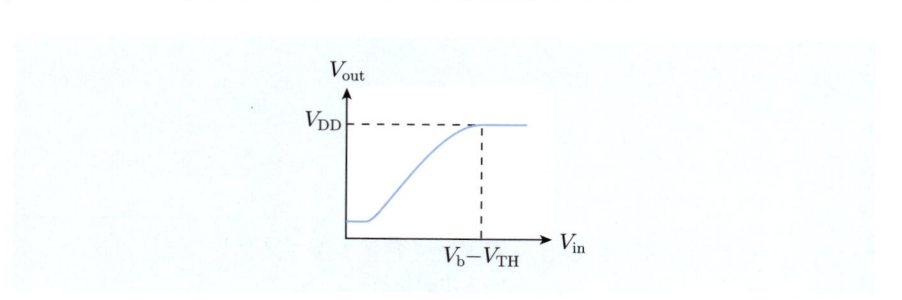

図 5.2　ゲート接地回路の入出力特性

5.1 ゲート接地回路

例題 5.1

図 5.3(a) に示すゲート接地回路の小信号利得を求めよ.

【解答】 ゲート接地回路の小信号等価回路は，図 5.3(b) のように表現できる.

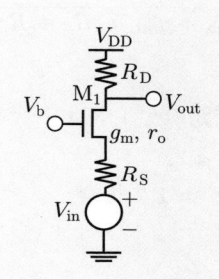

(a) ゲート接地回路

(b) (a) の小信号等価回路

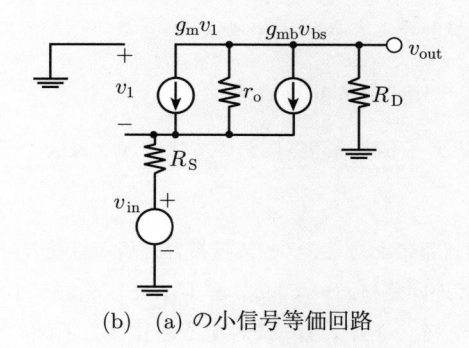

図 5.3 ゲート接地回路の等価回路

なお，このとき，入力信号源の出力抵抗 R_S を考えておくことにすると，R_S に流れる電流が v_{out}/R_D であることからトランジスタのゲート–ソース間の電圧は，

$$v_1 = \frac{v_{out}}{R_D} R_S - v_{in}$$

となる．また，ソース基板電圧が $v_{bs} = v_1$ であることから，トランジスタの出力抵抗 r_o に流れる電流は，

$$-\frac{v_{out}}{R_D} - g_m v_1 - g_{mb} v_1$$

となり,
$$r_\mathrm{o}\left(-\frac{v_\mathrm{out}}{R_\mathrm{D}} - g_\mathrm{m} v_1 - g_\mathrm{mb} v_1\right) - \frac{v_\mathrm{out}}{R_\mathrm{D}} R_\mathrm{S} + v_\mathrm{in} = v_\mathrm{out}$$
を解くことで,
$$A_\mathrm{v} = \frac{v_\mathrm{out}}{v_\mathrm{in}} = \frac{(g_\mathrm{m} + g_\mathrm{mb}) r_\mathrm{o} + 1}{r_\mathrm{o} + (g_\mathrm{m} + g_\mathrm{mb}) r_\mathrm{o} R_\mathrm{S} + R_\mathrm{S} + R_\mathrm{D}} R_\mathrm{D}$$
となる.

この式より,ゲート接地回路のゲインはソース側の信号源の出力抵抗(ソース抵抗)に依存することになる.

ここで,$R_\mathrm{S} = 0, r_\mathrm{o} \gg R_\mathrm{D} \gg 1$ の場合,
$$A_\mathrm{v} = (g_\mathrm{m} + g_\mathrm{mb}) R_\mathrm{D}$$
となり,ソース接地回路と比較し基板バイアス効果分だけゲインが大きくなることがわかる.

また,出力抵抗が十分に大きい $R_\mathrm{D} = \infty$ のとき,
$$A_\mathrm{v} = \frac{v_\mathrm{out}}{v_\mathrm{in}} = (g_\mathrm{m} + g_\mathrm{mb}) r_\mathrm{o} + 1$$
となり,定電流負荷ゲート接地回路においてはゲインは入力信号源の抵抗 R_S に依存しなくなる.

例 1 ゲート接地回路における,ソース抵抗 R_S,負荷抵抗 R_D とゲイン A_v の関係

図 5.3 のゲート接地回路において,$g_\mathrm{m} = 10\,[\mathrm{mS}], g_\mathrm{mb} = 1\,[\mathrm{mS}], r_\mathrm{o} = 10\,[\mathrm{k\Omega}]$ のとき,電圧増幅率 A_v の $R_\mathrm{D}, R_\mathrm{S}$ に対する変化は,下図のようになる. □

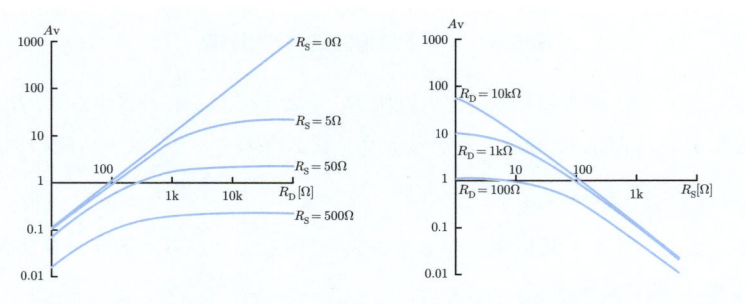

R_D を変化させたときのゲイン変化 R_S を変化させたときのゲイン変化

図 5.4 ソースフォロワーの出力抵抗

5.2 ゲート接地回路の入出力抵抗

ゲート接地回路の特性の評価にあたって，回路の入力側および出力側から見える抵抗成分が重要な意味を持つ．**入力抵抗**は図 5.5(b) のように出力を解放し，入力に理想的な電圧源 V_X を付加した際に流れ込む電流値 I_X から，

$$R_\mathrm{in} = \frac{V_\mathrm{X}}{I_\mathrm{X}}$$

により求める．一方，**出力抵抗**は図 5.5(c) のように，入力を接地し出力に定電圧源 V_X を付加したとき，出力から流れ込む電流 I_X により，

$$R_\mathrm{out} = \frac{V_\mathrm{X}}{I_\mathrm{X}}$$

と求めることができる．

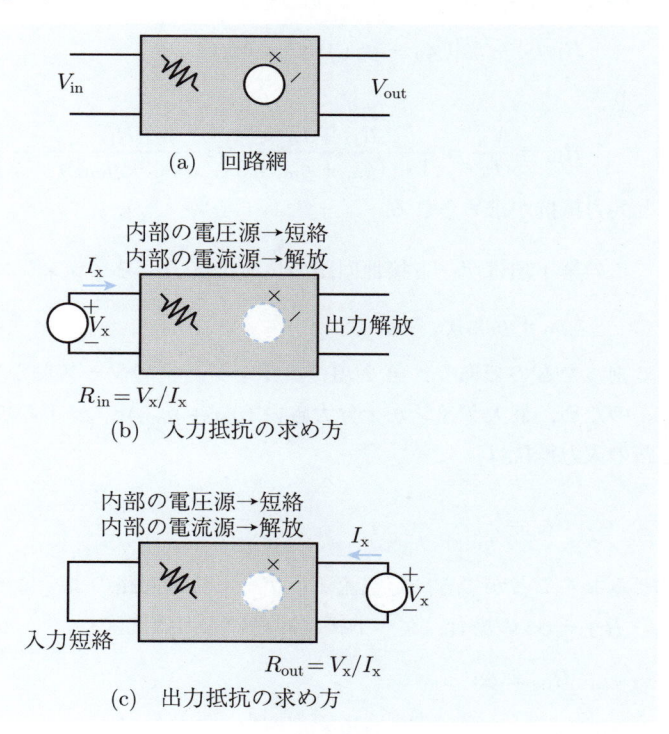

図 5.5 回路の入力抵抗・出力抵抗の導出方法

例題 5.2

図 5.6(a) のゲート接地回路の入力抵抗を求めよ．

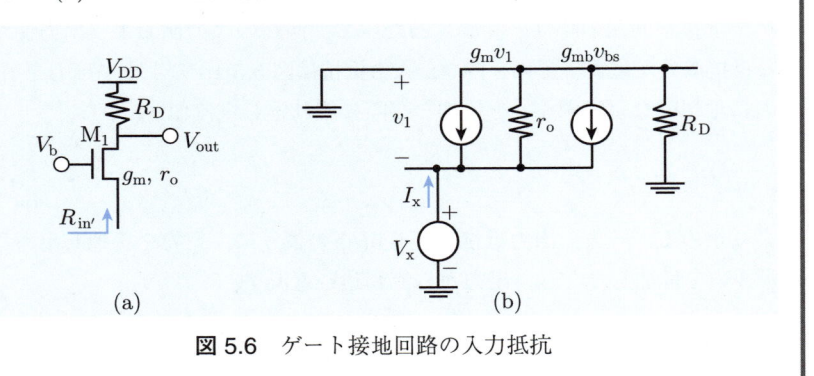

(a)

(b)

図 5.6 ゲート接地回路の入力抵抗

【解答】 図 5.6(b) のような小信号等価回路を用いることで，

$$R_D I_X + r_o[(g_m + g_{mb})V_X] = V_X$$

より，

$$R_{in} = \frac{V_X}{I_X} = \frac{R_D + r_o}{1 + (g_m + g_{mb})r_o} \approx \frac{R_D}{(g_m + g_{mb})r_o} + \frac{1}{g_m + g_{mb}}$$

と入力抵抗が求められる．

この第 1 項はゲート接地回路の負荷抵抗 R_D をトランジスタの最大ゲイン

$$(g_m + g_{mb})r_o \approx g_m r_o$$

で割ったものであり，第 2 項はトランジスタのソース側から見た抵抗である．このため，最大ゲインが十分大きい $(g_m + g_{mb})r_o \gg 1$ の場合，ゲート接地回路の入力抵抗は，

$$R_{in} = \frac{1}{g_m + g_{mb}}$$

とみなすことができ，定電流負荷ゲート接地回路のように出力抵抗が十分大きい $R_D = \infty$ の場合，ゲート接地回路の入力抵抗は，

$$R_{in} = \infty$$

となる．

5.2 ゲート接地回路の入出力抵抗

例題 5.3

図 5.7 によりゲート接地回路の出力抵抗を求めよ．

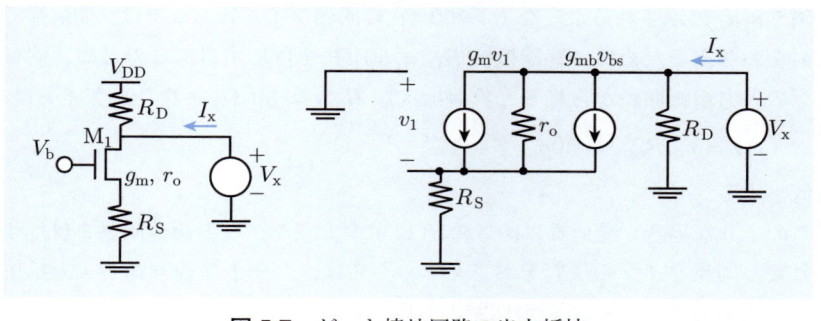

図 5.7 ゲート接地回路の出力抵抗

【解答】 この場合，入力を接地し出力に定電圧源 V_X を付加したとき，出力から流れ込む電流 I_X により，

$$R_\mathrm{out} = \frac{V_\mathrm{X}}{I_\mathrm{X}}$$
$$= \{[1+(g_\mathrm{m}+g_\mathrm{mb})r_\mathrm{o}]R_\mathrm{S}+r_\mathrm{o}\}\|R_\mathrm{D}$$

と求めることができる．

参考 記号「$\|$」については，40 ページの脚注を参照．

この第 1 項

$$[1+(g_\mathrm{m}+g_\mathrm{mb})r_\mathrm{o}]R_\mathrm{S}+r_\mathrm{o}$$

は，入力信号源の抵抗を最大ゲイン倍したものにトランジスタの出力抵抗を加えたものとなっている．

ここで，最大ゲインが十分に大きい $(g_\mathrm{m}+g_\mathrm{mb})r_\mathrm{o} \gg 1$ 場合，

$$[1+(g_\mathrm{m}+g_\mathrm{mb})r_\mathrm{o}]R_\mathrm{S}+r_\mathrm{o} \approx (g_\mathrm{m}+g_\mathrm{mb})r_\mathrm{o}R_\mathrm{S}$$

となることから，ゲート接地回路の出力抵抗は，ゲート接地回路に付加された入力信号源の抵抗がゲイン倍されることになる．

このようにゲート接地回路には，入出力の**抵抗値の変換機能**，特に**低抵抗入力**，**高抵抗出力**を可能にする特徴がある．

5.3　ゲート接地回路の応用例

図 5.8(a) に示されるような $R = 50\,[\Omega]$ の同軸ラインにおいては，受信端での反射をおさえるために，終端抵抗 $R_\mathrm{D} = 50\,[\Omega]$ を付加する．このため，同軸ラインの入力増幅回路から見ると負荷抵抗が $R_\mathrm{out} = 50\,[\Omega]$ となり，ゲインは，

$$A_\mathrm{v} = g_\mathrm{m} R_\mathrm{out} = 50 g_\mathrm{m}$$

と低下する．

このような場合，受信端に図 5.8(b) に示すようなゲート接地回路を付加することで，同軸ラインの反射をおさえる．さらに，ゲート接地回路の入力抵抗を $50\,\Omega$ としながら，ゲート接地回路の負荷 R_D を十分大きくすることで，ゲインを十分に大きくすることが可能となる．

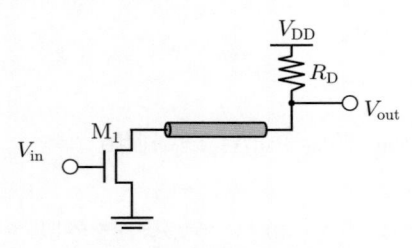

(a)　ソース接地回路駆動・抵抗終端

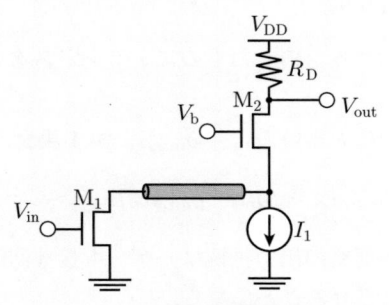

(b)　ソース接地回路駆動・ゲート接地回路終端

図 5.8　低インピーダンス入力回路へのゲート接地回路の適用

5.4 ソースフォロワー

ドレイン接地回路においては，図 5.9 に示すようにソース端に負荷抵抗 R_S を付加することで，ゲートに入力された電圧に対して，

$$V_\mathrm{out} = \frac{1}{2}\mu C_\mathrm{ox}\frac{W}{L}(V_\mathrm{in} - V_\mathrm{th} - V_\mathrm{out})^2 R_\mathrm{S}$$

と求められる．理想的には，$V_\mathrm{out} \approx V_\mathrm{in}$ となる出力が得られることから，ソースフォロワーと呼ばれ，電圧バッファとして広く用いられている．

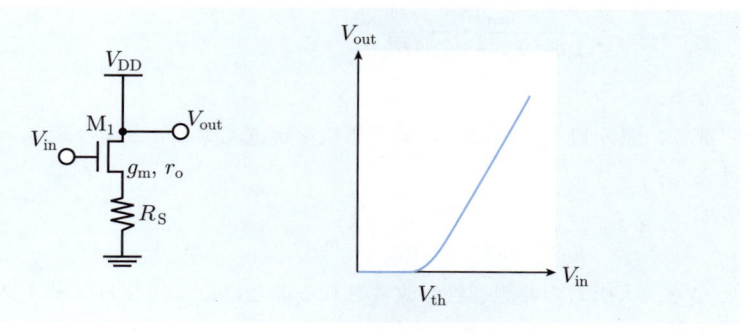

図 5.9　ソースフォロワーとその入出力特性

ソースフォロワーの小信号等価回路は図 5.10 のように表され，

$$A_\mathrm{v} = \frac{V_\mathrm{out}}{V_\mathrm{in}} = \frac{g_\mathrm{m}(R_\mathrm{S}\|r_\mathrm{o})}{1 + (g_\mathrm{m} + g_\mathrm{mb})(R_\mathrm{S}\|r_\mathrm{o})}$$

である．ここで，トランジスタの出力抵抗 r_o が十分に大きい場合には，

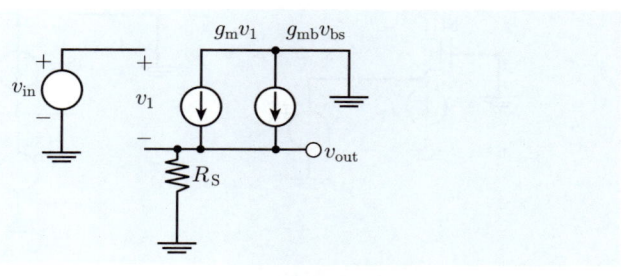

図 5.10　ソースフォロワーの小信号等価回路

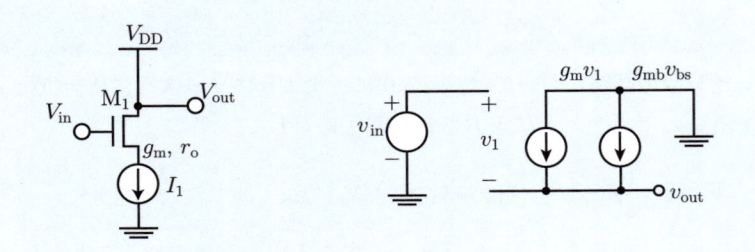

図 5.11 定電流源負荷ソースフォロワー

$$A_\mathrm{v} = \frac{g_\mathrm{m} R_\mathrm{S}}{1 + (g_\mathrm{m} + g_\mathrm{mb}) R_\mathrm{S}}$$

となる．

また，図 5.11 に示すように負荷抵抗を定電流源とした場合，$R_\mathrm{S} \approx r_\mathrm{o} \gg 1$ とすると，

$$A_\mathrm{v} = \frac{g_\mathrm{m}}{g_\mathrm{m} + g_\mathrm{mb}}$$

となり，入出力の非線形性が改善されることになる．なおソースフォロワーの**出力抵抗**は，図 5.12 より，

$$R_\mathrm{out} = \frac{1}{g_\mathrm{m} + g_\mathrm{mb}}$$

となる．

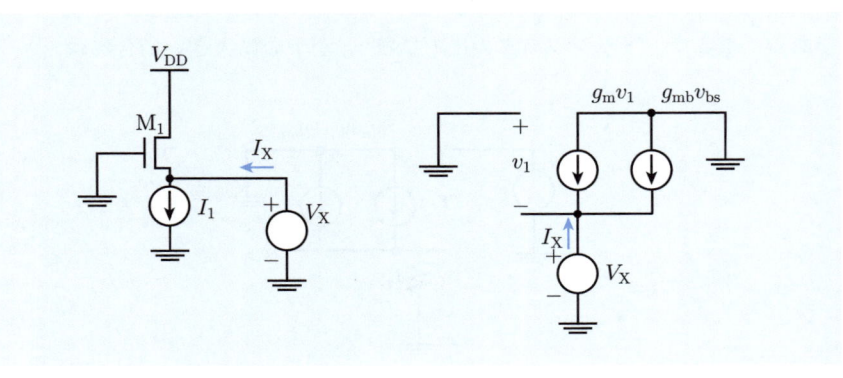

図 5.12 ソースフォロワーの出力抵抗

5 章の問題

1 第 2 章演習問題 1(2) のトランジスタに $4\,\mathrm{k\Omega}$ の負荷抵抗を接続したゲート接地増幅回路に電源電圧 $V_{\mathrm{DD}} = 5\,[\mathrm{V}]$ バイアス電圧 $V_{\mathrm{b}} = 4\,[\mathrm{V}]$ を加えた場合の入力–出力電圧特性の概形を描け.

2 演習問題 1 の入出力電圧特性のグラフを用いて,入力電圧 $V_{\mathrm{in}} = 2\,[\mathrm{V}]$ のときの増幅率を求めよ.

3 第 3 章演習問題 1(d), (e) について以下の (1), (2) に答えよ.
(1) それぞれの電圧ゲインを R_{D}, R_{S}, g_{m}, g_{mb}, r_{o} の必要なものを用いて解析に求めよ.
(2) $R_{\mathrm{D}} = 5\,[\mathrm{k\Omega}]$, $R_{\mathrm{S}} = 1\,[\mathrm{k\Omega}]$, $g_{\mathrm{m}} = 10\,[\mathrm{mS}]$, $g_{\mathrm{mb}} = 1\,[\mathrm{mS}]$, $r_{\mathrm{o}} = 10\,[\mathrm{k\Omega}]$ のとき,(1) の電圧ゲインを計算せよ.

4 基板コンダクタンス g_{mb} を無視するとき,相互コンダクタンスが $10\,\mathrm{mS}$,出力インピーダンスが $10\,\mathrm{k\Omega}$ の NMOS トランジスタに $1\,\mathrm{k\Omega}$ の負荷抵抗を接続したゲート接地回路の入力インピーダンスを求めよ.

5 相互コンダクタンス $10\,\mathrm{mS}$,基板コンダクタンス $1\,\mathrm{mS}$,出力インピーダンスが $10\,\mathrm{k\Omega}$ の MOS トランジスタにソース抵抗 $50\,\Omega$,および $1\,\mathrm{k\Omega}$ の負荷抵抗を接続した場合,ゲート接地回路のゲイン,出力インピーダンスを求めよ.

6 相互コンダクタンス $10\,\mathrm{mS}$,基板コンダクタンス $1\,\mathrm{mS}$,出力インピーダンスが $10\,\mathrm{k\Omega}$ の MOS トランジスタをソースフォロワとして用い,負荷抵抗として $1\,\mathrm{k\Omega}$ の接続した場合の電圧ゲインを求めよ.

6 カスコード回路

　基本増幅回路を組み合わせることで，ゲインを大きくすることが可能となる．ここでは，ソース接地回路とゲート接地回路を縦続接続したカスコード回路のゲイン，出力抵抗を解析するとともに，電圧範囲の改善法としてフォールド型カスコード回路について述べる．

> **6章で学ぶ概念・キーワード**
> - カスコード回路の出力抵抗
> - 電圧範囲
> - フォールド型カスコード

6.1 カスコード回路

前章のゲート接地回路の応用例として，図 6.1 に示すようにソース接地回路の負荷としてゲート接地回路を縦続接続する**カスコード回路**を考える．図 6.2 に示すようなカスコード回路の小信号等価回路では，ソース接地回路の電流 $g_{m1}v_1$ がそのまま負荷抵抗 R_D に流れることから電圧増幅率は，

$$A_v = g_{m1}R_D$$

となりソース接地回路と変わらない．

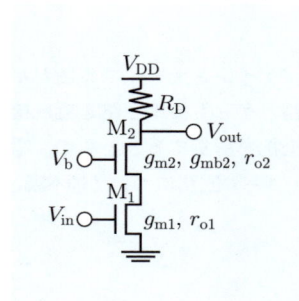

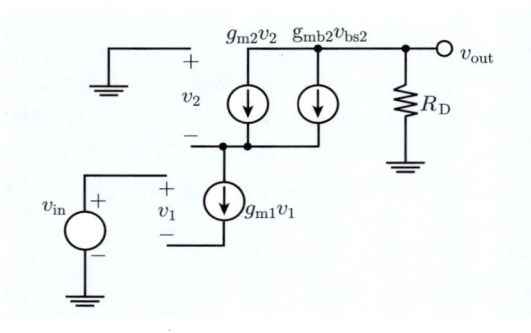

図 6.1 カスコード回路

図 6.2 カスコード回路の小信号等価回路

一方，カスコード回路の出力抵抗は，ソース接地回路 M_1 の出力抵抗が r_{o1} であることを考えると，図 6.3 のゲート接地回路の出力抵抗の解析から，

$$R_{out} = (g_{m2} + g_{mb2})r_{o2} \cdot r_{o1}$$

となり，高抵抗が実現できることになる．そのため，図 6.4 に示すとおり，理想的な定電流源を付加した場合，

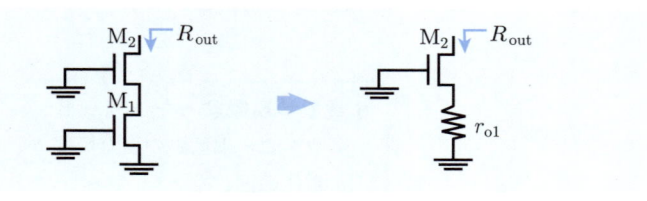

$$A_v = g_{m1}R_{out} = g_{m1}(g_{m2} + g_{mb2})r_{o1}r_{o2}$$

図 6.3 カスコード回路の出力抵抗

6.1 カスコード回路

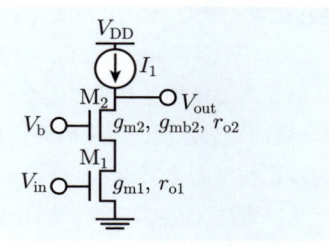

図 6.4 定電流源負荷カスコード回路

となり，カスコード回路の電圧ゲインが 1 段の最大ゲインの 2 乗で増加することになる．

ここで，カスコード回路における**電圧条件**に関して考えることにする．M_1 を飽和領域で動作させるためには，

$$V_X > V_{in} - V_{TH1}$$

であり，M_2 において，

$$V_X = V_b - V_{GS2}$$

であることから，

$$V_b > V_{in} + V_{GS2} - V_{TH1}$$

となる．

一方，M_2 が飽和領域で動作することから，

$$V_{out} > V_b - V_{TH2} > V_{in} - V_{TH1} + V_{GS2} - V_{TH2}$$

となる．このため，出力電圧の下限は**オーバードライブ電圧** $V_{GS} - V_{TH}$ の 2 段分になる．

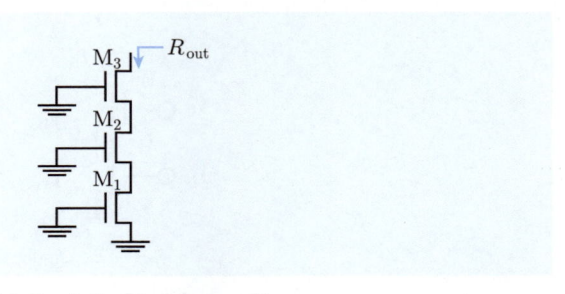

図 6.5 トリプルカスコード

第 6 章 カスコード回路

カスコード段数をさらに増やすことで出力抵抗を増大させることが可能で，図 6.5 のようにトリプルカスコード回路を構成し，負荷の定電流源も十分高い抵抗とすることで，ゲインを 3 乗で増加させることが可能となる．

ここで，図 6.6 のように同一の電流，電圧条件において，カスコード回路と長チャネルトランジスタの比較を考えてみる．2 倍の電圧 V_{DS} を許すとき，2 倍のゲートオーバードライブ電圧 ($V_{\mathrm{GS}} - V_{\mathrm{T}}$) を印加可能であることから，同一の電流 I_{D} の場合，ゲート長を 4 倍にできる．このとき，相互コンダクタンスはゲート長の平方根に反比例し，ドレイン抵抗はゲート長に比例することから，結果的に最大ゲイン

$$g_{\mathrm{m(b)}} r_{\mathrm{o(b)}} = 2 g_{\mathrm{m}} r_{\mathrm{o}}$$

ともとの図 6.6(a) と比較して 2 倍のゲインとなる．一方，先の議論よりカスコードの場合には，

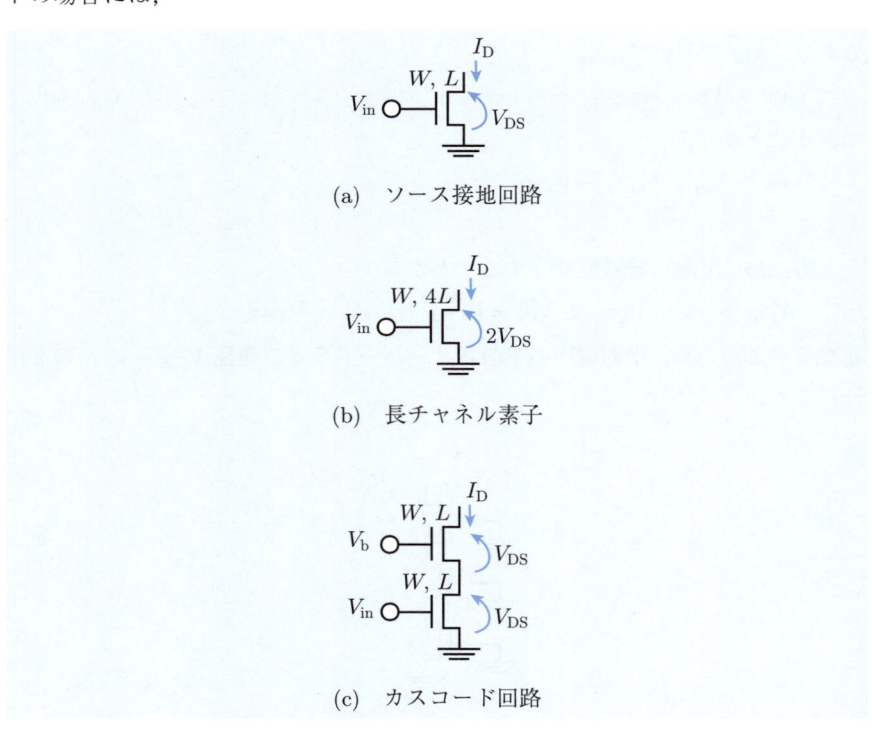

(a) ソース接地回路

(b) 長チャネル素子

(c) カスコード回路

図 6.6　カスコードと長チャネル素子

$$g_{m(c)} r_{o(c)} \sim (g_m r_o)^2$$

ともとの図 6.6(a) の 2 乗のゲインとなることから，ゲインを増加させるためにはゲート長を長くするよりカスコード接続を用いることが有利である．

--- **例題 6.1** ---

図 6.7 に示すアクティブカスコード回路の相互コンダクタンス G_M および出力抵抗 R_{out} を求めよ．

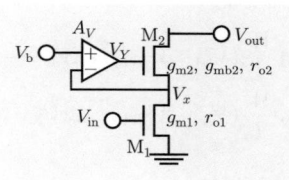

図 6.7 アクティブカスコード回路

【解答】　図 6.7 の小信号等価回路は図 6.8 のとおりである．58 ページ同様にこのカスコード回路の相互コンダクタンス $G_M = g_{m1}$ である．一方，

$$v_y = -A_V v_x \text{ より}, \quad v_2 = -(A_V + 1) v_x$$

となることから，出力抵抗は

$$R_{out} = ((A_v + 1) g_{m2} + g_{mb2}) r_{o2} \cdot r_{o1}$$

となる．このことから，増幅率 A_v が ∞ の場合，本アクティブカスコード回路の出力抵抗も ∞ となる．

[United States Patent 6590456] ■

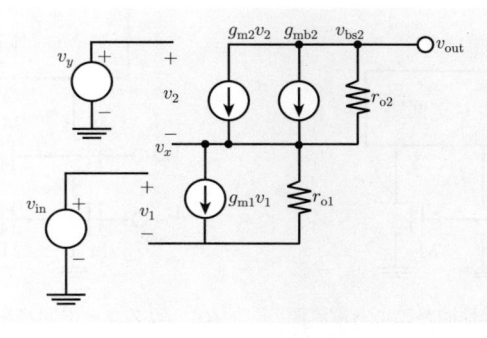

図 6.8　図 6.7 の小信号等価回路

6.2 カスコード回路を用いた負荷電流源

カスコードは増幅回路として用いるだけでなく，図 6.9 のようにカスコード増幅回路の負荷電流源としてカスコードを用いることにより負荷抵抗が上昇しゲインを増加させることができる．また，電流源として図 6.10(a) を用いると，チャネル長変調係数 $\lambda \neq 0$ の場合，同一のトランジスタであっても，X, Y 点の電圧差 ΔV_{XY} により，

$$I_{\mathrm{D2}} - I_{\mathrm{D2}} = \frac{1}{2}\mu C_{\mathrm{ox}}\frac{W}{L}(V_{\mathrm{b}} - V_{\mathrm{TH}})^2(\lambda V_{\mathrm{DS1}} - \lambda V_{\mathrm{DS2}})$$
$$= \frac{1}{2}\mu C_{\mathrm{ox}}\frac{W}{L}(V_{\mathrm{b}} - V_{\mathrm{TH}})^2 \lambda \Delta V_{\mathrm{XY}}$$

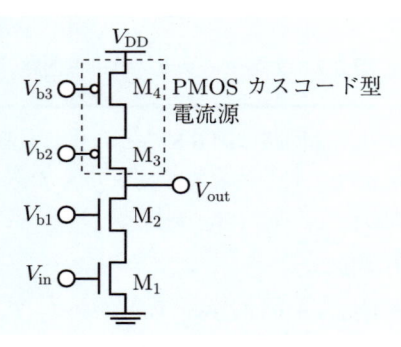

図 6.9 カスコード増幅回路の負荷としてカスコード型電流源を用いることによるゲインの増加

(a) ゲート接地回路による電流源   (b) カスコード回路を用いた電流源

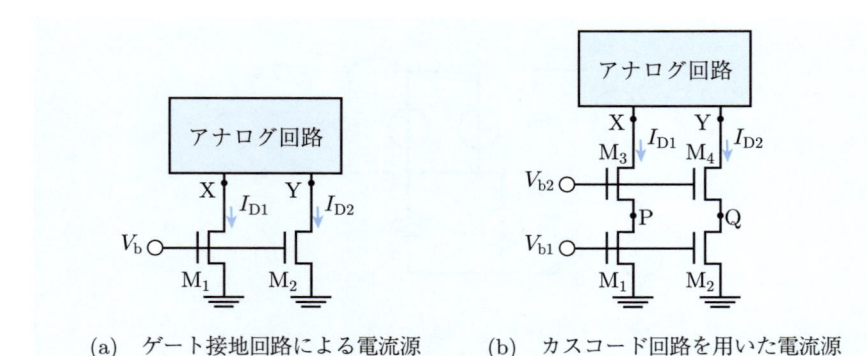

図 6.10 カスコードによる電流ミスマッチの軽減

の電流ミスマッチが生じる．また，図 6.8(b) のようにカスコードにすることで，P，Q 点の電位差が，

$$\Delta V_\mathrm{PQ} = \Delta V_\mathrm{XY} \frac{r_{\mathrm{o}1,2}}{[1 + (g_\mathrm{m3,4} + g_\mathrm{mb3,4})r_{\mathrm{o}3,4}]r_{\mathrm{o}1,2} + r_{\mathrm{o}3,4}}$$

$$\approx \frac{\Delta V_\mathrm{XY}}{(g_\mathrm{m3,4} + g_\mathrm{mb3,4})r_{\mathrm{o}3,4}}$$

となることから，電流ミスマッチは，

$$I_\mathrm{D2} - I_\mathrm{D2} = \frac{1}{2}\mu C_\mathrm{ox}\frac{W}{L}(V_\mathrm{b} - V_\mathrm{TH})^2 \frac{\lambda \Delta V_\mathrm{XY}}{(g_\mathrm{m3,4} + g_\mathrm{mb3,4})r_{\mathrm{o}3,4}}$$

と $(g_\mathrm{m3,4} + g_\mathrm{mb3,4})r_{\mathrm{o}3,4}$ だけ低減することが可能となる．

例 1 電流ミスマッチの実例

図 6.11 に電流ミスマッチのシミュレーションによる実例を示す．ゲート接地回路の場合，チャネル長変調係数がチャネル長に反比例することから，最小チャネル長の場合において，電圧差 10% に対して電流ミスマッチが 10% 程度生じるのに対し，チャネル長を増大させ，最小チャネル長の 10 倍とした場合，電圧差 10% に対して電流ミスマッチが 0.4% 程度にまで減少する．一方，カスコードを用いた場合，最小チャネル長のトランジスタを用いた場合においても，電圧差 10% に対して電流ミスマッチを 1% 程度に抑えることが可能となる． □

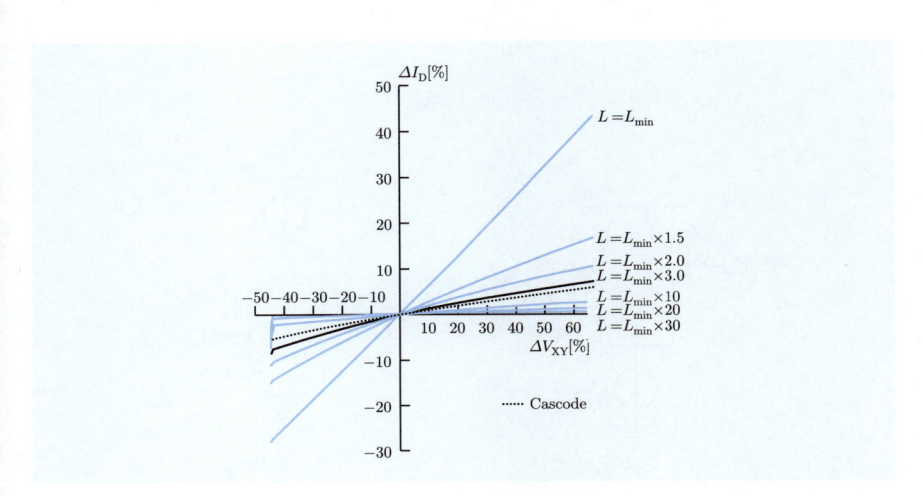

図 6.11 電圧差と電流ミスマッチ量のシミュレーション結果

6.3 カスコード回路の電圧範囲とフォールド型カスコード

前述のようにカスコード回路を用いると入力の電圧範囲および出力の電圧範囲が狭まってしまい，特に電源電圧が低下した場合に動作しなくなってしまう．カスコードはソース接地とゲート接地に用いられるトランジスタの極性が異なっていてもよいため，図 6.12(a) のように折り返すことで**電圧範囲**の問題を解消する**フォールド型カスコード**に関して考えてみる．実際には M_1, M_2 ともに適切にバイアス電流を流す必要があるため，電流源を加えた図 6.12(b) もしくは極性を入れ替えた図 6.12(c) が用いられる．図 6.12(b) のフォールド型カスコードの場合の入出力特性は図 6.13 に示すとおりで，入力が $V_{\text{in}} > V_{\text{DD}} - |V_{\text{TH1}}|$ では M_1 がオフするため，I_1 がすべて M_2 に流れる．このとき，出力電圧は，

$$V_{\text{out}} = V_{\text{DD}} - R_D I_1$$

となる．M_1 がオンすると I_{D1} の増加に従って I_{D2} が減少することで，出力が

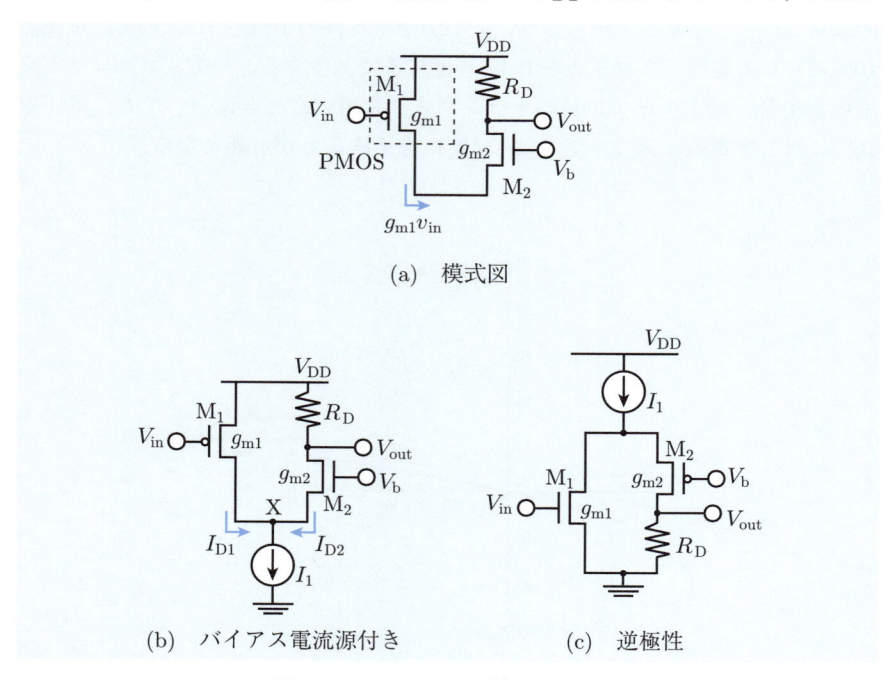

図 6.12 フォールド型カスコード

(a) 模式図

(b) バイアス電流源付き

(c) 逆極性

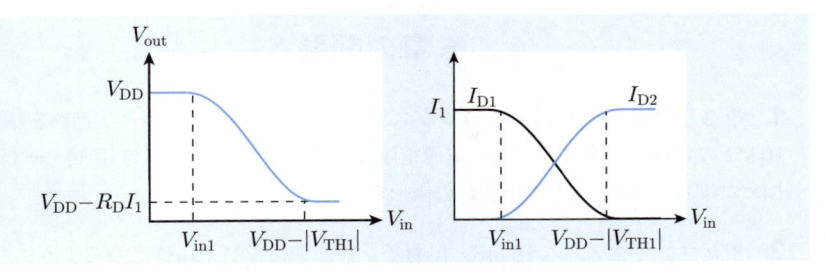

図 6.13 フォールド型カスコードの入出力特性

増大していく．$I_{D1} = I_1$ となると，M_2 に電流が流れなくなるため

$$V_{\text{out}} \approx V_{\text{DD}}$$

となる．このときの入力電圧 V_{in1} は，

$$\frac{1}{2}\mu C_{\text{ox}}\frac{W_1}{L_1}(V_{\text{DD}} - V_{\text{in1}} - |V_{\text{TH1}}|)^2 = I_1$$

$$\rightarrow \quad V_{\text{in1}} = V_{\text{DD}} - \sqrt{\frac{2I_1}{\mu C_{\text{ox}}W_1/L_1}} - |V_{\text{TH1}}|$$

と求めることができる．

フォールド型カスコードの出力抵抗は，図 6.14 に示すようにソース接地段および定電流源 M_1, M_3 がゲート接地段に接続されていると考えることで，

$$R_{\text{out}} = [1 + (g_{m2} + g_{mb2})r_{o2}](r_{o2} \| r_{o3}) + r_{o2}$$

と求めることができる．

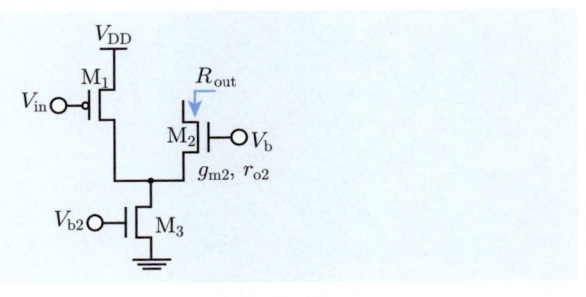

図 6.14 フォールド型カスコードの出力抵抗

6章の問題

☐ **1** 第2章演習問題1(2)のトランジスタに2個を用いてカスコード回路を構成し、$10\,\mathrm{k\Omega}$ の負荷抵抗を接続した。電源電圧 $V_{\mathrm{DD}} = 5\,[\mathrm{V}]$ バイアス電圧 $V_{\mathrm{b}} = 3\,[\mathrm{V}]$ を加えた場合の入力–出力電圧特性の概形を描け。

☐ **2** 相互コンダクタンス $10\,\mathrm{mS}$、出力インピーダンスが $10\,\mathrm{k\Omega}$ となるようにバイアス電圧がかけられた NMOS トランジスタを2つ用いてカスコード回路を構成するとき、以下の (1)〜(3) に答えよ。
(1) カスコード回路の出力抵抗を求めよ。
(2) 負荷として $10\,\mathrm{k\Omega}$ の抵抗を用いた場合の電圧ゲインを求めよ。
(3) 負荷として、出力抵抗が無限大の理想的な定電流源を用いる場合の電圧ゲインを求めよ。

☐ **3** 相互コンダクタンス $10\,\mathrm{mS}$、出力インピーダンスが $10\,\mathrm{k\Omega}$ となるようにバイアス電圧がかけられた NMOS トランジスタを3つ用いたトリプルカスコード回路に、負荷として、出力抵抗が無限大の理想的な定電流源を用いる場合の電圧ゲインを求めよ。

7 差動増幅回路

　アナログ回路においては，差成分を利用することで，雑音など同相成分を抑制することが重要である．ここでは基本的な差動増幅回路に対して仮想接地・半回路の概念を用いた解析について述べる．

> **7章で学ぶ概念・キーワード**
> - 差動ゲイン
> - 仮想接地・半回路
> - 同相除去

68　第 7 章　差動増幅回路

7.1　集積回路と雑音

　集積回路においては，コスト削減，小型化のために，アナログ回路とディジタル回路を同一集積回路上に混載することが多い．一般にディジタル回路は，多数のトランジスタにより構成されそれらが動作する際に多量の雑音を発生する．そのため，ディジタル回路と混載されたアナログ回路においては，主にディジタル回路で発生する雑音の影響を受けないような工夫が求められ，単に入力信号

(a)　単一出力の場合　　　　　　(b)　差動出力の場合

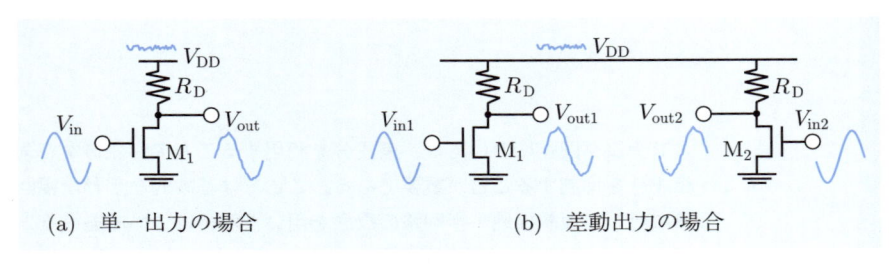

図 7.1　電源雑音

(a)　単一出力の場合

(b)　差動出力の場合

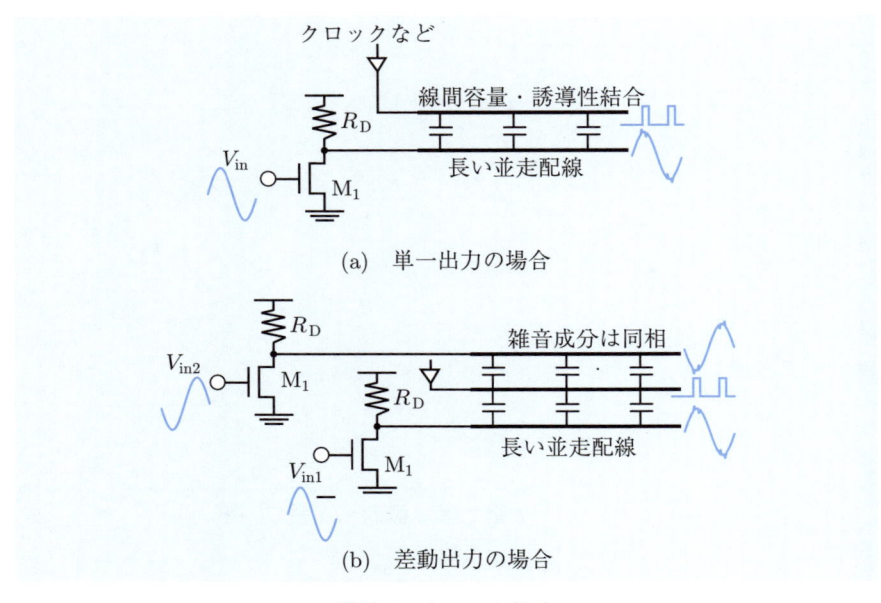

図 7.2　クロック雑音

7.1 集積回路と雑音

を増幅するだけでなく，入力信号への雑音の混入を抑制する工夫が必要である．

これらの雑音の代表格が図 7.1 に示されるような電源線や基板を介して混入する**電源・基板雑音**であり，また，図 7.2 のように長距離にわたり同一信号が配線されることの多いクロック信号などからの容量性結合による**カップリング雑音**である．これらの雑音は，いずれも複数の信号に対して同相で重畳されることが一般的である．このとき，図 7.3(a) に示すように**単一入力単一出力**で信号・増幅回路を構成すると，雑音も含めて増幅してしまうことになるが，図 7.3(b) のように 2 信号の「差」に情報を持たせると，**同相**で混入する雑音成分を除去し，差成分のみを増幅・伝送することが可能となる．

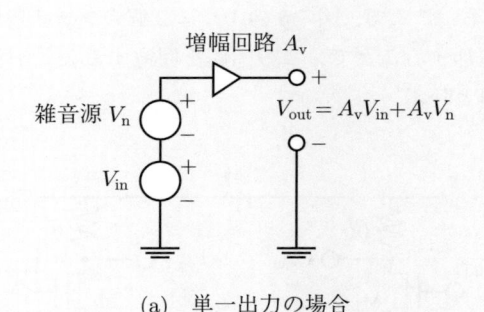

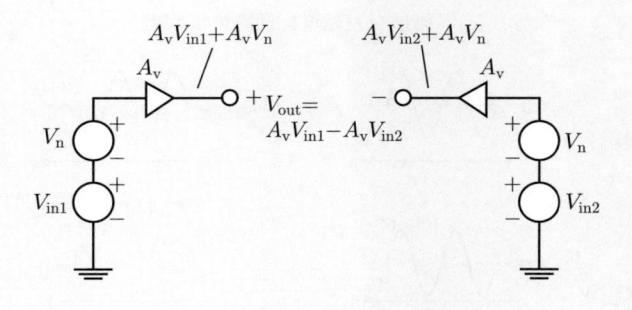

(a) 単一出力の場合

$V_{out} = A_v V_{in} + A_v V_n$

(b) 差動出力の場合

$V_{out} = A_v V_{in1} - A_v V_{in2}$

図 7.3　単一モードと差動モード

7.2 基本差動対

前節のような差成分に情報を持たせる回路を**差動回路**と呼び，差動回路を実現する増幅回路を**差動増幅回路**と呼ぶ．図 7.4 に抵抗負荷ソース接地回路を 2 個並列に並べ差動動作させる例を示す．この場合，図に示すとおり，**同相信号**（Common mode signal）

$$V_{\text{in,CM}} = \frac{V_{\text{in1}} + V_{\text{in2}}}{2}$$

が変動すると動作点がずれてしまうため，正しく動作しなくなる．このため，差動増幅回路では，同相信号により動作点が変化しない回路（**同相除去が可能な回路**）が必要である．ここで，図 7.5 のように 2 個のソース接地回路の共通ソースに定電流源を追加することで，この問題を回避することが可能となる．この回路方式を**差動対**と呼ぶ．

(a) 簡単な差動増幅回路の実現例

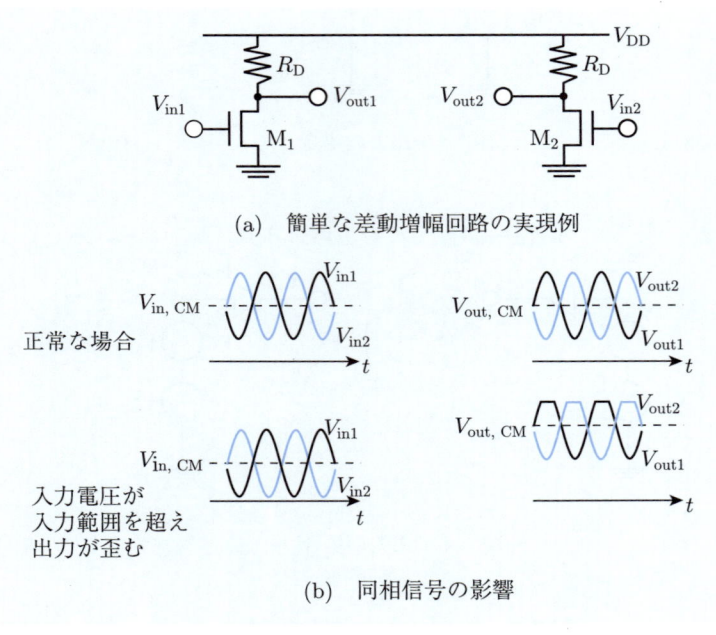

正常な場合

入力電圧が
入力範囲を超え
出力が歪む

(b) 同相信号の影響

図 7.4 簡単な差動増幅回路の実現例

7.2 基本差動対

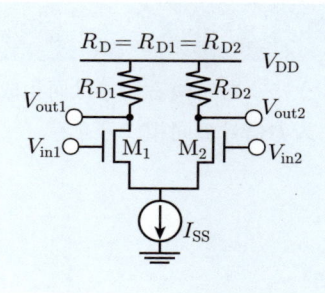

図 7.5 基本差動対

例 1 この差動対の入出力特性を求めてみよう．

この差動対において $V_{\text{in}1} \ll V_{\text{in}2}$ の場合，トランジスタ M_2 に電流源の電流 I_{SS} がすべて流れるため，

$$V_{\text{out}1} = V_{\text{DD}}, \quad V_{\text{out}2} = V_{\text{DD}} - R_D I_{\text{SS}}$$

となり，$V_{\text{in}1} \gg V_{\text{in}2}$ では，

$$V_{\text{out}1} = V_{\text{DD}} - R_D I_{\text{SS}}, \quad V_{\text{out}2} = V_{\text{DD}}$$

となる．また，$V_{\text{in}1} = V_{\text{in}2}$ では，M_1, M_2 に等しく $I_{\text{SS}}/2$ が流れるため，

$$V_{\text{out}1} = V_{\text{out}2} = V_{\text{DD}} - \frac{R_D I_{\text{SS}}}{2}$$

となる（図 7.6(a)）．これを，入力，出力ともに差動信号として考えると図 7.6(b) のようになり，入力の同相電位によらず作動成分のみで出力の電位差が定まることがわかる． □

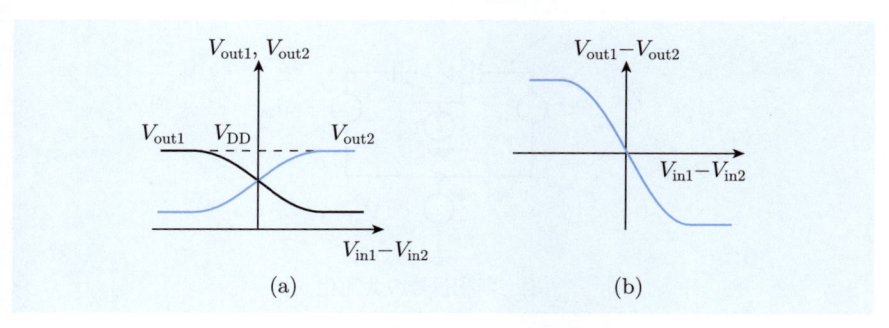

図 7.6 基本差動対の入出力特性

7.3 差動成分と仮想接地・半回路

一般に，図 7.7 に示ように，あらゆる信号は同相成分と差動成分に分解することができる．ここで，入力信号の同相成分を

$$V_0 = \frac{v_{\text{in}1} + v_{\text{in}2}}{2}$$

差動成分を

$$\Delta v_{\text{in}} = \frac{v_{\text{in}1} - v_{\text{in}2}}{2}$$

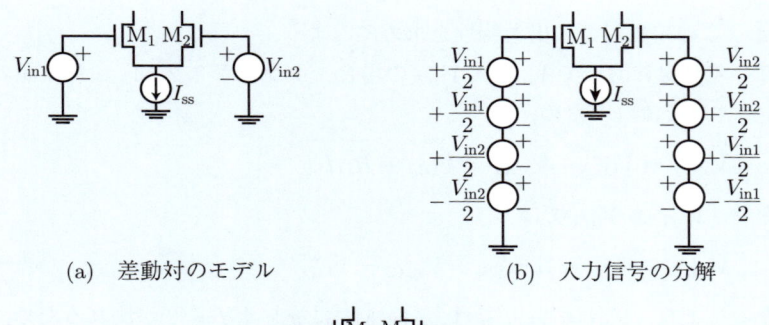

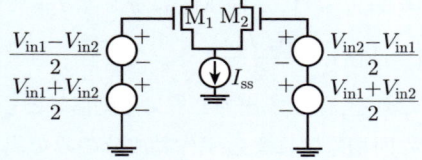

(a) 差動対のモデル (b) 入力信号の分解

(c) 同相成分・差動成分への分解

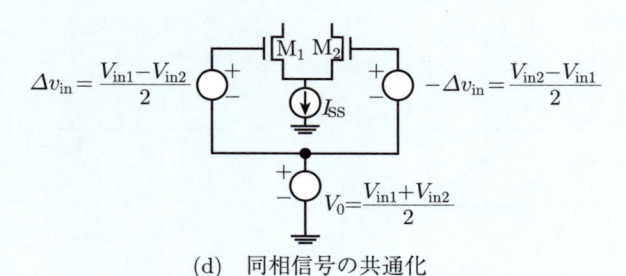

(d) 同相信号の共通化

図 7.7　信号の同相成分・差動成分への分解

7.3 差動成分と仮想接地・半回路

とするとき,差動対 M_1, M_2 のゲート–ソース間にかかる小信号電圧 $\Delta v_1, \Delta v_2$ は,ドレイン電流 I_1, I_2 を考えると(図 7.8),

$$I_1 + I_2 = I_{SS} \rightarrow \Delta i_1 + \Delta i_2 = g_m \Delta v_1 + g_m \Delta v_2 = 0$$
$$\rightarrow \Delta v_1 = -\Delta v_2$$

ここで,P 点の電位が共通であることから,

$$V_{in1} - V_1 = V_{in2} - V_2 \rightarrow V_0 + \Delta v_{in} - (V_a + \Delta v_1) = V_0 - \Delta v_{in} - (V_a + \Delta v_2)$$

よって,$\Delta v_{in} = \Delta v_1$ となる.

このことから差動対 M_1, M_2 が同一の特性を有する場合,差動入力 V_{in1}, V_{in2} を同相電圧 V_0 と差動信号 $\Delta v_{in}, -\Delta v_{in}$ に分解したとき,差動信号に対しては P の電位は変化しない.このように等価的に電位が変化しないことを**仮想接地**と呼ぶ.このとき,

$$\Delta i_1 = -\Delta i_2 = g_m \Delta v_1 = g_m \Delta v_{in},$$
$$\Delta v_{out1} = -\Delta v_{out2} = R_D \Delta i_1 = R_D g_m \Delta v_{in}$$

となる.ここで,出力を V_{out1} もしくは V_{out2} のどちらか一方と接地間の単一出力を考えると,

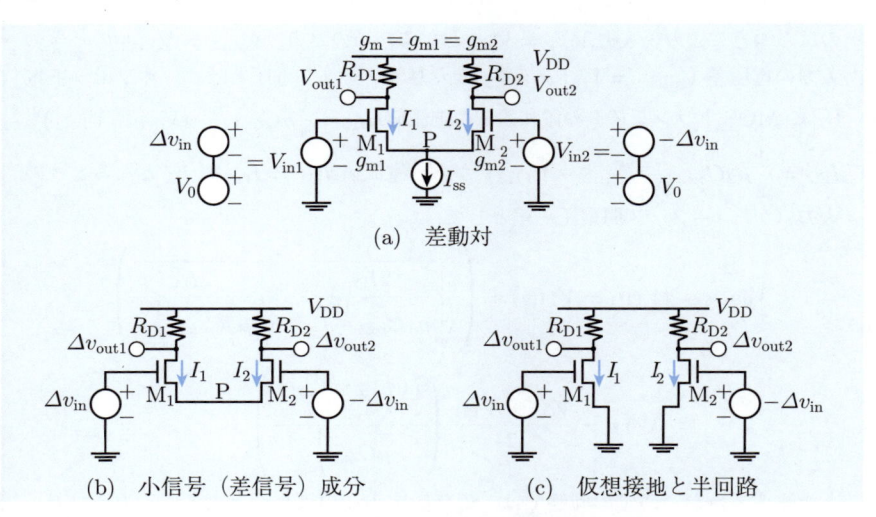

図 7.8 差動信号における仮想接地と半回路

(a) 差動対

(b) 小信号(差信号)成分

(c) 仮想接地と半回路

$$A_{\text{v,diff,half}} = \frac{V_{\text{out2}}}{V_{\text{in1}} - V_{\text{in2}}} = \frac{\frac{\Delta V_{\text{out1}}}{2}}{\Delta v_{\text{in}}} = \frac{g_{\text{m}} R_{\text{D}}}{2}$$

と通常のソース接地回路と比較して利得が半分となる．なお，$A_{\text{v,diff,half}}$ を差動ゲインと呼ぶ．

一方，差動入力 $V_{\text{in1}} - V_{\text{in2}}$ に対して差動出力 $V_{\text{out1}} - V_{\text{out2}}$ の利得を考えると，

$$A_{\text{v,diff,full}} = \frac{V_{\text{out1}} - V_{\text{out2}}}{V_{\text{in1}} - V_{\text{in2}}} = \frac{\Delta V_{\text{out1}}}{\Delta v_{\text{in}}} = g_{\text{m}} R_{\text{D}}$$

となる．これを全差動ゲインと呼ぶこともあり，この場合，通常のソース接地回路と同等の利得となる．差動増幅回路の差動信号成分について考えるとき，この仮想接地を利用することで，図 7.8(a) における P 点が接地とみなせるため，図 7.8(b) のように対称的な通常のソース接地回路と同様に考えることができる．これを**半回路**と呼び（図 7.8(c)），全差動特性の解析に多用される．

☕ トランジスタばらつきと差動増幅回路の入力オフセット電圧

図 7.8(a) に示す差動対において，理想的には両出力 $V_{\text{out1}} = V_{\text{out2}}$ であるとき，入力 $V_{\text{in1}} = V_{\text{in2}}$ となるが，実際には $V_{\text{TH}}, \mu C_{\text{ox}}, \dfrac{W}{L}$ のトランジスタパラメータのばらつきにより，入力 $V_{\text{in1}} \neq V_{\text{in2}}$ となる．このとき，$V_{\text{out1}} = V_{\text{out2}}$ のときの入力の電圧差 $V_{\text{offset}} = V_{\text{in1}} = V_{\text{in2}}$ を入力オフセット電圧と呼ぶ．オフセット電圧は，MOS トランジスタの飽和領域の電流値 $I_{\text{D1}} = \dfrac{1}{2} \mu C_{\text{ox1}} \dfrac{L_1}{W_1} (V_{\text{in1}} - V_{\text{TH1}})^2$，$I_{\text{D2}} = \dfrac{1}{2} \mu_2 C_{\text{ox2}} \dfrac{L_2}{W_2} (V_{\text{in2}} - V_{\text{TH2}})^2$ から，電流値 $I_{\text{D1}} = I_{\text{D2}} = I_{\text{D}}$ となるときの入力（ゲート–ソース間電圧）差として，

$$V_{\text{offset}} = (V_{\text{TH1}} - V_{\text{TH2}}) + \left(\sqrt{\frac{2 I_{\text{D}}}{\mu_1 C_{\text{ox1}} \dfrac{W_1}{L_1}}} - \sqrt{\frac{2 I_{\text{D}}}{\mu_2 C_{\text{ox2}} \dfrac{W_2}{L_2}}} \right)$$

$$\approx \Delta V_{\text{TH}} - \frac{V_{\text{GS}} - V_{\text{TH}}}{2} \left(\frac{\Delta \left(\mu C_{\text{ox}} \dfrac{W}{L} \right)}{\mu C_{\text{ox}} \dfrac{W}{L}} \right)$$

と求まる．なお，現実の回路では，負荷抵抗 R_{D} のばらつきによる入力オフセット電圧も考慮する必要がある．

7.4 差動対と同相成分

一方,同相成分は定電流源を抵抗 R_{SS} で表現すると,72 ページの図 7.7(d) から図 7.9(a) のように描け,差動対のトランジスタの特性が同一かつ,負荷抵抗が同一の場合,図 7.9(c) のソース抵抗付きソース接地回路として表現できるため,その増幅率は,

$$A_{\text{v,com}} = \frac{R_D}{2R_{SS}}$$

となる。このことから,R_{SS} が大きいほど,つまり定電流源特性が高いほど同相成分の増幅率が小さくなり,結果として**同相成分の抑制効果**が高いことにな

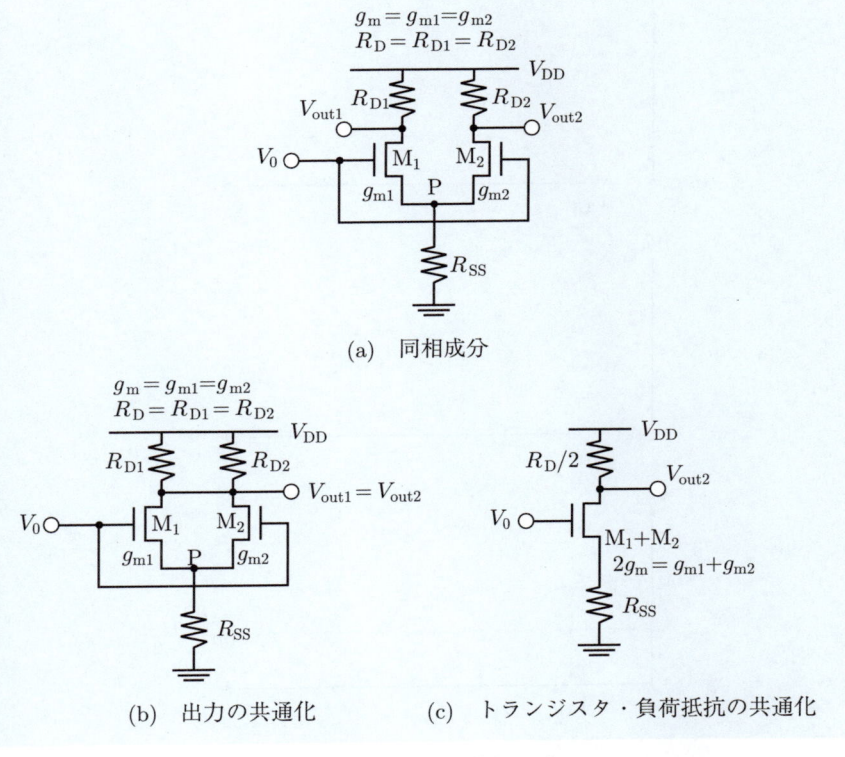

(a) 同相成分

(b) 出力の共通化   (c) トランジスタ・負荷抵抗の共通化

図 7.9 同相成分の等価回路

る．この同相成分の特性は図 7.10 のとおりとなり，差動増幅回路に同相成分を入力した場合，出力がほとんど変化しないことがわかる．

ここで，差動増幅回路の同相成分の抑制に関する指標として，**同相除去比** CMRR (Common Mode Rejection Ratio) がよく使われ，

$$\mathrm{CMRR} = \frac{A_{\mathrm{v,diff}}}{A_{\mathrm{v,com}}} = g_{\mathrm{m}} R_{\mathrm{SS}}$$

と表現できる．なお，プロセスばらつきによる差動対 M_1, M_2 の特性 $(g_{\mathrm{m}}, r_{\mathrm{o}})$ や，左右の負荷抵抗値 $(R_{\mathrm{D1}}, R_{\mathrm{D2}})$ のずれがあると，CMRR が劣化することになる．

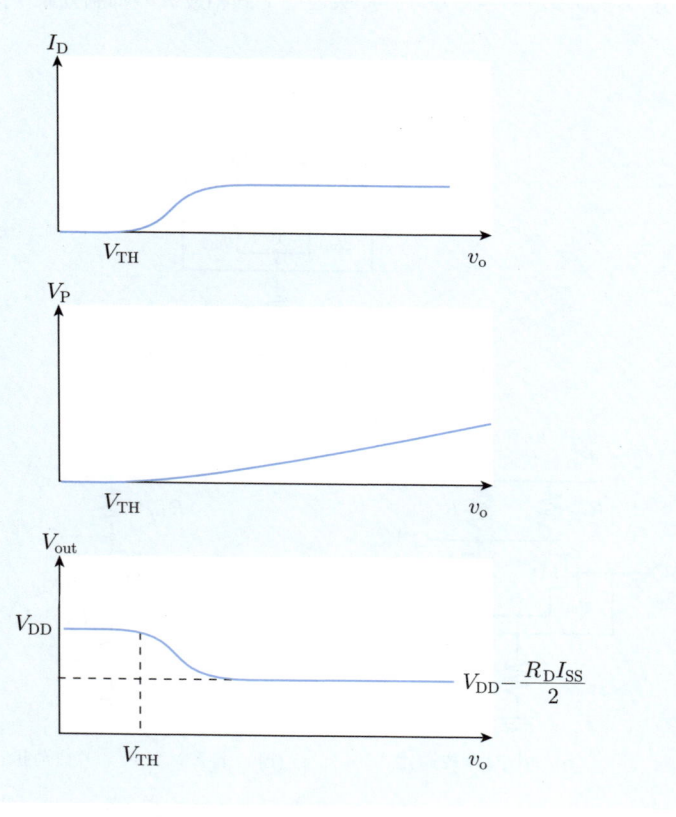

図 7.10　差動増幅回路の同相入力に対する特性

7章の問題

☐ **1** 相互コンダクタンスが 10 mS の NMOS トランジスタと 2 kΩ の負荷抵抗をそれぞれ 2 つずつ用い，基本差動回路を構成するとき，以下の問いに答えよ．
(1) NMOS トランジスタの出力抵抗は負荷抵抗に比べて十分大きいとするとき，差動電圧ゲインを求めよ．
(2) NMOS トランジスタの相互コンダクタンスがソース抵抗の逆数に比べ十分大きいとするとき，共通ソースに接続される定電流回路の出力抵抗が 100 kΩ のとき，同相電圧ゲインを求めよ．
(3) 同相除去比を求めよ．

8 カレントミラー

　カレントミラー回路は，安定な定電流源として用いられるほか，アクティブカレントミラーとして差動増幅回路の負荷として用いることで，単一出力型差動増幅回路を実現することが可能である．

> **8章で学ぶ概念・キーワード**
> - 定電流源
> - アクティブカレントミラー
> - カスコード型カレントミラー

8.1 MOS を用いた電流源

図 8.1 のような定電流負荷ソース接地回路や差動増幅回路における**定電流源**など前章までの回路を含め，電子回路において電流源が広く用いられ，その特性により回路の特性が左右される．電流源は，無限大の抵抗かつそこにおける電圧降下の極力小さいことが理想である．

一般的には図 8.2 に示すとおり，MOS トランジスタのゲートに**バイアス電圧**を加えることで，ドレイン–ソース間の小さな**電圧降下**により図 8.2 のように，通常の抵抗と比較して高い**微分抵抗**を実現することが可能である．このバイアス電圧を図に示すとおり抵抗分圧で生成すると，電流値は，

$$I_\text{out} = \frac{1}{2}\mu C_\text{ox} \frac{W}{L} \left(\frac{R_2}{R_1 + R_2} V_\text{DD} - V_\text{TH} \right)^2$$

となる．閾値電圧や移動度などのプロセスパラメータによる変動や，これらのパラメータが温度依存性を持つことに加え，電源電圧の変動によっても出力電流が変化してしまうため，安定した定電流源を作り出すことができない．これらは，小さな電圧降下で使用する場合により顕著に現れる．

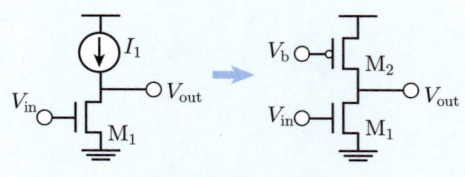

(a) ソース接地回路の負荷電流源として

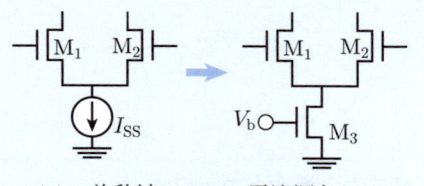

(b) 差動対のテール電流源として

図 8.1 アナログ回路における電流源と MOS トランジスタによる実現

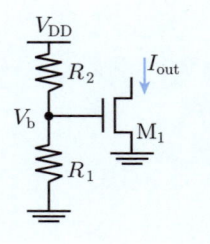

図 8.2 抵抗分圧によるバイアス電圧の生成

8.2 定電流源実現のためのカレントミラー

カレントミラー回路は,前節の問題を解消し安定した定電流源の実現のために,図 8.3 のように安定した**参照電流源** I_ref を用意し,その値をコピーすることで定電流源を実現する回路である.安定した参照電流源 I_ref を回路中に直接用いないことで,大きな電圧降下による安定性を実現すると同時に,所定の電流値が実現されさえすれば,**内部インピーダンス**が必ずしも高くなくてもよいといった利点がある.

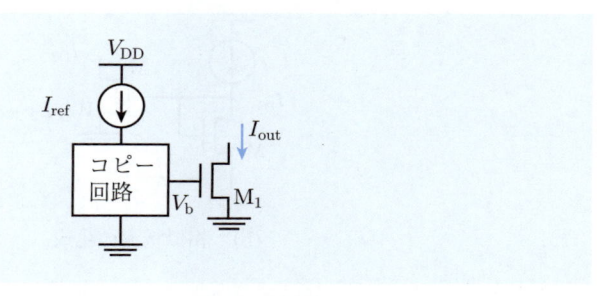

図 8.3 参照電流をコピーすることによる定電流源の実現

カレントミラーの実現は,次ページの図 8.4 に示すとおり,MOS トランジスタのゲートとドレインを接続したダイオード接続の M_1 を用いる.この場合,

$$V_\mathrm{GS} = V_\mathrm{DS}$$

であることから,

$$V_\mathrm{GS} - V_\mathrm{TH} < V_\mathrm{DS}$$

なる飽和領域の状態をつねに満たしている.この M_1 に参照電流 I_ref を加えることで,

$$I_\mathrm{D1} = \left(\frac{W_1}{L_1}\right) f(V_\mathrm{G1}) \ \rightarrow \ V_\mathrm{G1} = f^{-1}\left(\left(\frac{L_1}{W_1}\right) I_\mathrm{ref}\right)$$

なる参照電流に応じた電圧 V_G が得られる.

なお,この関数 f は第 2 章で与えられた MOS トランジスタの飽和領域の電流式

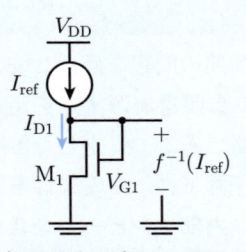

(a) 参照電流に応じた電圧の生成

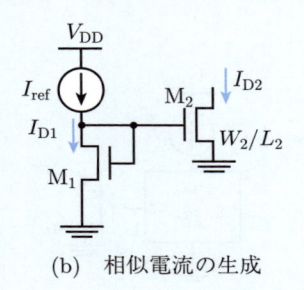

(b) 相似電流の生成

図 8.4　カレントミラーの実現

$$f(V_{\mathrm{GS}}) = \mu C_{\mathrm{ox}} \frac{(V_{\mathrm{GS}} - V_{\mathrm{TH}})^2}{2}$$

であり，飽和領域において正則な関数[1]である．これを飽和領域で動作する M_2 のゲートに加えることで，

$$\begin{aligned} I_{\mathrm{D2}} &= \left(\frac{W_2}{L_2}\right) f\left(f^{-1}\left(\left(\frac{L_1}{W_1}\right) I_{\mathrm{ref}}\right)\right) \\ &= \left(\frac{W_2}{W_1}\right)\left(\frac{L_1}{L_2}\right) I_{\mathrm{ref}} \end{aligned}$$

が得られる．ここでは，M_1, M_2 が同一の関数 f で表現された特性を有するとしている．このことから，出力電流 I_{D2} は閾値や移動度などのパラメータに依存することなく，I_{ref} に相似な電流を得ることができる．

---

[1] f が D 内のすべての点で微分可能であるとき，f は D 内で正則関数であると呼ばれる．

8.2 定電流源実現のためのカレントミラー

例題 8.1

図 8.5 の**定電流源負荷ソース接地回路**にカレントミラーを用いた場合の電圧ゲインを求めよ．

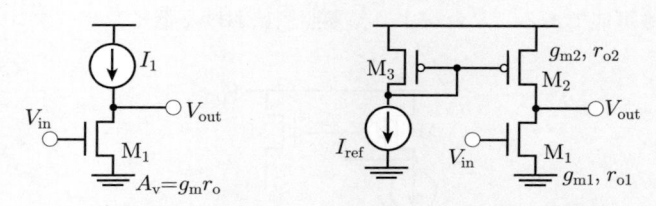

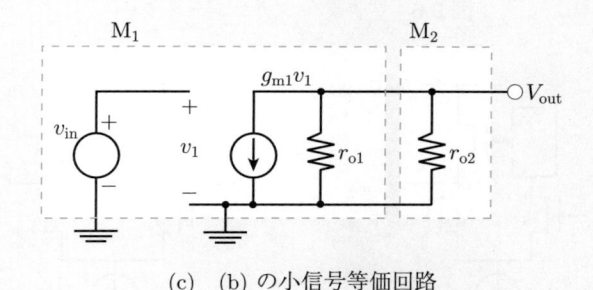

図 8.5 負荷定電流源にカレントミラーを用いたソース接地回路

(a) 電流源負荷ソース接地回路
(b) カレントミラー電流源負荷型ソース接地回路
(c) (b) の小信号等価回路

【**解答**】 第 3 章では，定電流源は内部抵抗無限大として解析を行ったが，図 8.5 の場合，M_1, M_2 の内部抵抗は同程度であると考えられることから，小信号等価回路は図 8.5(c) のようになる．出力から見える抵抗 R_{out} は，

$$R_{\text{out}} = r_{o1} \| r_{o2}$$

となり，結果的に電圧ゲイン A_v は，

$$A_v = g_{m1}(r_{o1} \| r_{o2})$$

となる．

8.3 アクティブカレントミラー

例題 8.1 では，定電流源を作り出すためにカレントミラーを用いたが，図 8.6 のように参照電流源 I_{ref} の代わりに信号電流 I_{in} を用いることで，信号を伝達することも可能である．これにより，参照側における**低インピーダンス入力**を，

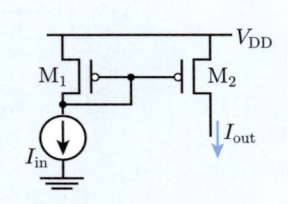

図 8.6　アクティブカレントミラー

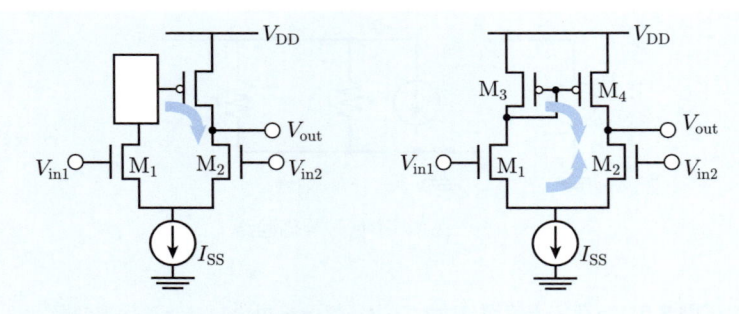

(a)　差動対における電流コピー　　(b)　アクティブカレントミラー負荷

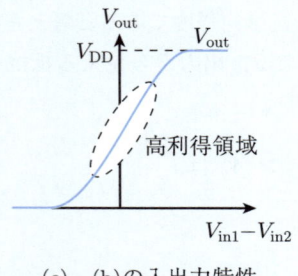

(c)　(b)の入出力特性

図 8.7　アクティブカレントミラーを用いた差動対におけるドレイン電流の合成

8.3 アクティブカレントミラー

出力側で高インピーダンスで相似な信号電流として取り出すことが可能となる．これを**アクティブカレントミラー**と呼ぶ．

このアクティブカレントミラーを図 8.7 に示すように差動対の負荷として用いると，M_1 におけるドレイン電流を M_4 にコピーし，M_2 のドレイン電流と合成することができる．このため，M_1, M_2 両者のドレイン電流を出力に活用することが可能となり，単一出力とした場合でもゲインが半分にならない．

カレントミラー負荷型差動増幅回路においては，図 8.8 における X,Y 点の電圧波形が対称とならない．そのため，差動ゲインを求めるにあたっては，差動増幅回路の**等価的な相互コンダクタンス** G_m と**出力インピーダンス** R_{out} から，電圧ゲインを計算することになる．

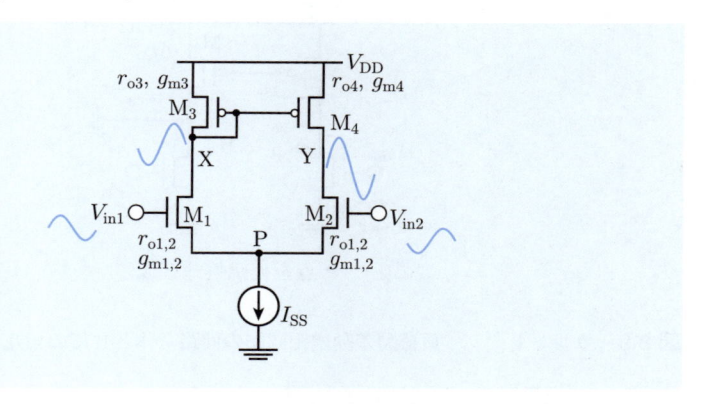

図 8.8 電圧ゲイン

例題 8.2

カレントミラー負荷型差動増幅回路の差動ゲインを求めよ．

【**解答**】 第 4 章より，M_1, M_2 に V_{in1}, V_{in2} が入力されたとき，それぞれのトランジスタのゲート-ソース間には

$$\Delta v_{in}, -\Delta v_{in} \quad \left(\Delta v_{in} = \frac{v_{in1} - v_{in2}}{2}\right)$$

が加わるため，ドレイン電流は，

$$\Delta i_{D1} = -\Delta i_{D2} = g_{m1,2} \Delta v_{in}$$

となることから，

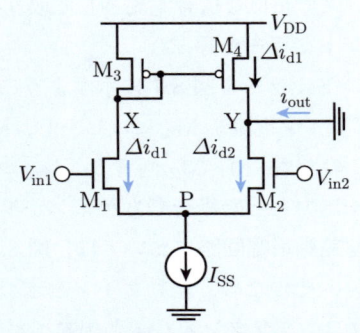

(a) 回路全体の相互コンダクタンス

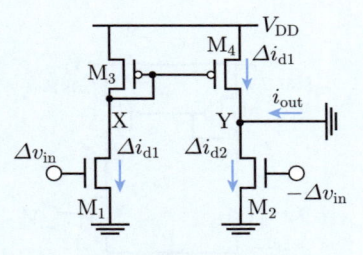

(b) P 点を仮想接地と仮定

図 8.9 カレントミラー負荷型差動増幅回路の回路全体としての相互コンダクタンス G_m

$$I_\mathrm{out} = -2\Delta i_{D1}$$

よって，差動増幅回路の等価的な相互コンダクタンスは，

$$G_\mathrm{m} = \frac{I_\mathrm{out}}{v_\mathrm{in1} - v_\mathrm{in2}} = g_{m1,2}$$

となる（図 8.9）．また，定電流源 I_SS を開放し，差動対 M_1, M_2 の入力を接地したときのトランジスタの出力抵抗を r_{o1}, r_{o2} とし，カレントミラーの M_3 のドレイン側から見える抵抗成分を

$$R_{M3} = r_{o3} \left\| \frac{1}{g_{m3}} \right.$$

とすると，カレントミラー M_3, M_4 が電流ゲイン 1 であることから

$$I_X = 2I_{X1} + \frac{V_X}{r_{o4}} = 2\frac{V_X}{2r_{o1,2} + r_{o3} \left\| \dfrac{1}{g_{m3}} \right.} + \frac{V_X}{r_{o4}} \approx \frac{V_X}{r_{o1,2} \| r_{o4}}$$

8.3 アクティブカレントミラー

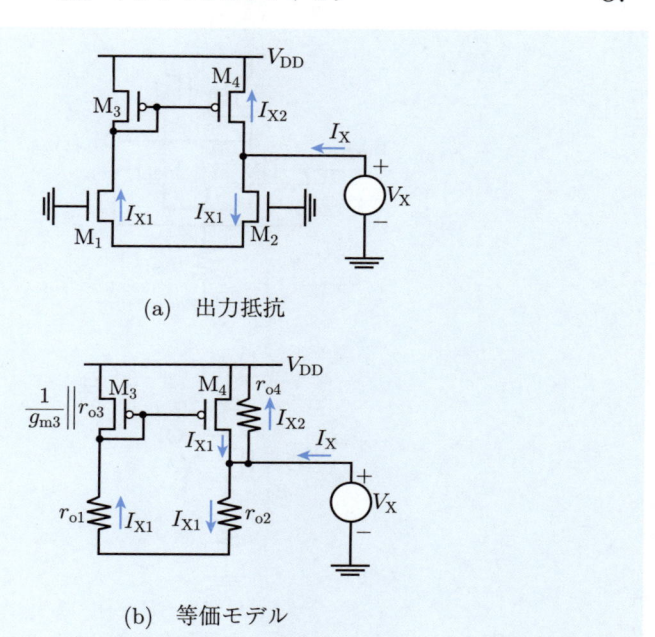

(a) 出力抵抗

(b) 等価モデル

図 8.10 カレントミラー負荷型差動増幅回路の出力抵抗 R_out

よって，出力抵抗 R_out は，

$$R_\text{out} = r_{o1,2} \| r_{o4}$$

となり（図 8.10），このカレントミラー負荷型差動増幅回路の電圧ゲイン $A_\text{v,DM}$ は，

$$A_\text{v,DM} = G_\text{M} R_\text{out} = g_{m1,2}(r_{o1,2} \| r_{o4})$$

となる．

一方，**同相ゲイン**は $A_\text{v,CM}$，差動対 M_1, M_2 の入力が共通

$$V_\text{in,CM} = \frac{v_\text{in1} + v_\text{in2}}{2}$$

であり，相互コンダクタンスが $2g_{m1,2}$，出力抵抗が $\frac{1}{2}r_{o1,2}$，また，負荷トランジスタとして M_3, M_4 が抵抗

$$\frac{1}{2g_{m3,4}} \middle\| \frac{r_{o3,4}}{2}$$

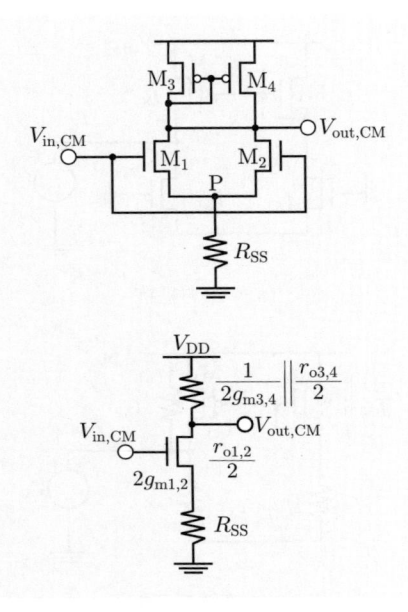

図 8.11　カレントミラー負荷型差動増幅回路の同相ゲイン

であることから，同相ゲイン $A_{v,\text{CM}}$ は，

$$A_{v,\text{CM}} \approx \frac{-\dfrac{1}{2g_{m3,4}} \left\| \dfrac{r_{o3,4}}{2} \right.}{\dfrac{1}{2g_{m1,2}} + R_{\text{SS}}}$$

$$\approx \frac{1}{1 + 2g_{m1,2}R_{\text{SS}}} \frac{g_{m1,2}}{g_{m3,4}}$$

と求めることができる（図 8.11）．

この場合，同相除去比は，

$$\text{CMRR} = \left|\frac{A_{v,\text{DM}}}{A_{v,\text{CM}}}\right|$$

$$= g_{m1,2}(r_{o1,2} \| r_{o4})(1 + 2g_{m1,2}R_{\text{SS}})\frac{g_{m3,4}}{g_{m1,2}}$$

$$= (1 + 2g_{m1,2}R_{\text{SS}})g_{m3,4}(r_{o1,2} \| r_{o4})$$

となる．

8.4 カスコード型カレントミラー

飽和領域のドレイン電流は，チャネル長変調のために，ドレイン電圧に依存して変化する．そのため，カレントミラー回路（図 8.12(a)）において，参照側 M_1 のドレイン電圧 V_{DS1} と出力側 M_2 のドレイン電圧 V_{DS2} が異なっていると，カレントミラーの精度が劣化する．

この問題を解決するためには，カレントミラー回路の X, Y 点の電圧が負荷回路によらず変化しないようにすればよい．そこで，図 8.12(b) に示すとおりゲー

(a) カレントミラー

(b) Y 点の安定化

(c) V_b の生成

(d) カスコード型カレントミラー

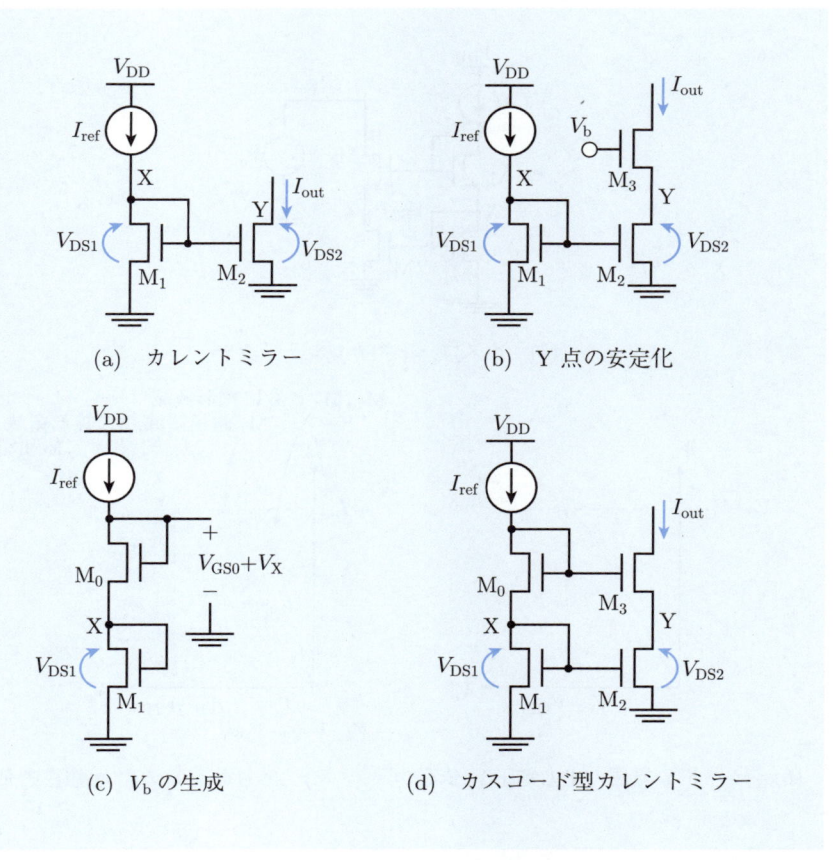

図 8.12 カスコードカレントミラーを用いたカレントミラーの高精度化

ト接地トランジスタ M_3 を付加して出力側をカスコード化し，そのバイアス電圧 V_b を図 8.12(c) に示すように M_0 により生成するとすると，

$$V_b = V_{GS0} - V_X$$

となる．

一方，

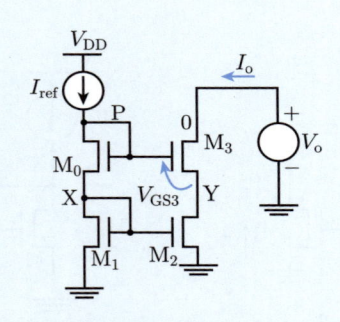

$$V_Y = V_b - V_{GS3}$$

(a) カスコード型カレントミラー

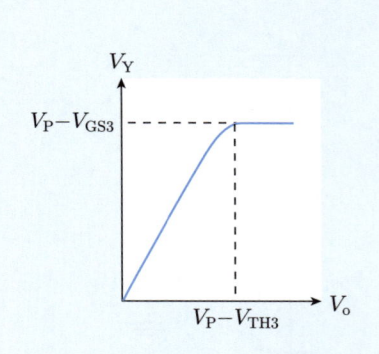

(b) ノード Y 電圧の出力電圧 V_o 依存

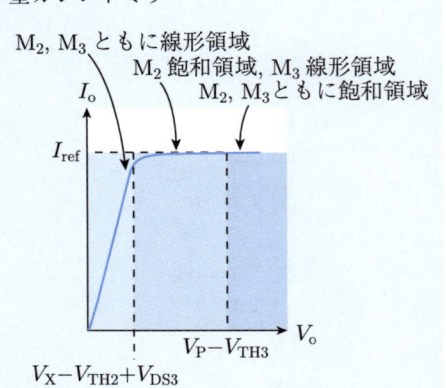

(c) 出力電流 I_o の出力電圧 V_o 依存

図 8.13 カスコードカレントミラーの特性

8.4 カスコード型カレントミラー

であることから，

$$\frac{\frac{W_0}{L_0}}{\frac{W_3}{L_3}} = \frac{I_{\text{ref}}}{I_{\text{out}}}$$

であれば，

$$V_{\text{GS0}} = V_{\text{GS3}}$$

となり，

$$V_{\text{X}} = V_{\text{Y}}$$

結果的に V_{Y} が負荷の電圧変化を受けなくなる．

この特性を図 8.13 に示す．出力側のトランジスタ M_2, M_3 がともに飽和領域で動作するとき，出力の電圧変化によらず出力電流がほぼ参照電流をコピーできることがわかる．ただし，このときカレントミラーには $V_{\text{TH}} + 2V_{\text{DS}}$ 以上の電圧が必要となる．

8章の問題

1 $g_\mathrm{m} = 10\,[\mathrm{mS}]$, $r_\mathrm{o} = 10\,[\mathrm{k\Omega}]$ の MOS トランジスタを用いて図 8.8 のアクティブカレントミラー負荷型差動増幅回路を構成する場合，以下の問いに答えよ．
(1) 出力抵抗を求めよ．
(2) 差動ゲインを求めよ．
(3) 共通ソースに接続される定電流回路の出力抵抗が $100\,\mathrm{k\Omega}$ のとき，同相電圧ゲインを求めよ．
(4) 同相除去比を求めよ．

2 下図に示すように 2 つの NMOS トランジスタ M_1, M_2 と 2 つの PMOS トランジスタ M_3, M_4 からなる回路を構成する．M_1 から M_4 はそれぞれ飽和領域で動作するように，in1 と in2 に適切なバイアス電圧をかける．このときの M_1 と M_2 の相互コンダクタンスと出力抵抗は共に等しく g_mn と r_on であったとする．同様に，M_3 と M_4 の伝達コンダクタンスと出力抵抗もともに等しく g_mp と r_op であったとする．以下の問に答えよ．ただし，$r_{oi} \gg 1/g_{mi}$ ($i = \mathrm{n, p}$) とする．
(1) NMOS トランジスタ M_1 から見たノード A の抵抗値を求めよ．
(2) 出力ノード out の抵抗を求めよ．
(3) M_1 のゲート電圧をバイアス電圧に固定し，M_2 には，バイアス電圧に小信号電圧 v_in を加えるとする．このとき out に現れる小信号電圧 v_out を求めよ．
(4) 次に，M_2 のゲート電圧をバイアス電圧に固定し，M_1 には，バイアス電圧に v_in を加えるとする．このときノード A に現れる小信号電圧 v_A を求めよ．
(5) (4) と同じ設定のとき，出力端子 out に生じる v_out を求めよ．
(6) M_1 と M_2 に，バイアス電圧に加えそれぞれ小信号電圧 v_in1 と v_in2 を与える．v_out に対する $(v_\mathrm{in1} - v_\mathrm{in2})$ の比を差動利得 A_diff とするとき，A_diff を求めよ．
(7) v_out に対する $(v_\mathrm{in1} + v_\mathrm{in2})$ の比を同相利得 A_com とするとき，A_com を求めよ．

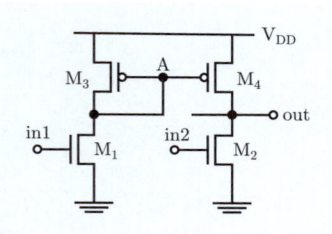

図 8.14

9 フィードバックと回路特性

　一般に，能動素子を用いた増幅回路では，増幅率の非線形性が問題となる．特性改善の手段として，フィードバックが用いられることが多い．ここではフィードバックとゲイン，入出力抵抗，周波数特性について回路の実例を用いて述べる．

> **9章で学ぶ概念・キーワード**
> - ループゲイン
> - フィードバックによる入出力抵抗変換
> - フィードバックによる周波数特性

9.1 負帰還システム

図 9.1 のような一般の**負帰還**システムにおいて，

$$Y(s) = H(s)(X(s) - G(s)Y(s))$$

であることから，入出力の**伝達関数**（以下**閉ループゲイン**）は，

$$\frac{Y(s)}{X(s)} = \frac{H(s)}{1 + G(s)H(s)}$$

となる．

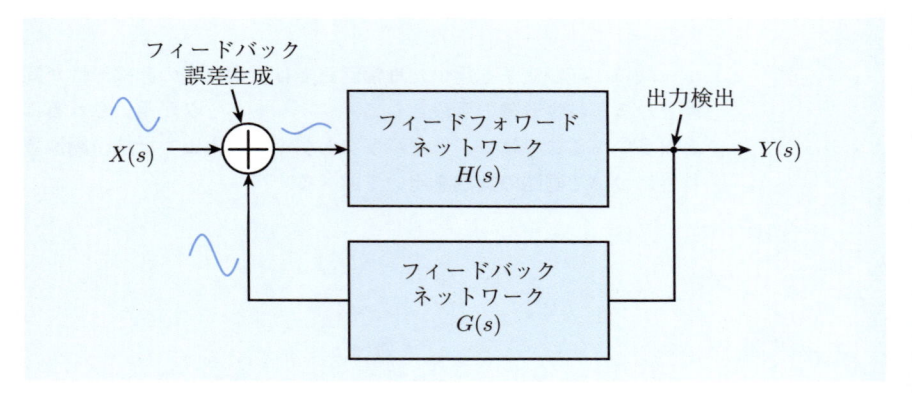

図 9.1 負帰還回路における入出力の関係

増幅回路において多くの場合，図 9.2 のようにフィードフォワードネットワークの $H(s)$（**開ループゲイン**と呼ぶこともある）は増幅回路（増幅率として $A(s)$ を用いる場合がある），フィードバックネットワークの $G(s)$ は周波数に依存しない受動回路（**帰還係数**として β を用いる）を用いる．ここで，帰還回路における入出力について考えてみる．フィードフォワードネットワークの $H(s)$ が十分に大きい場合，$H(s)$ に対する入力，つまり入力 $X(s)$ と $G(s)$ の出力の差が十分小さくなる．したがって，負帰還システムは，入力と相似なフィードバック信号を生成する系であると考えることもできる．

ここで，基本帰還システムに関して図 9.2 を考えてみる．閉ループゲインは A, β を用いることで，

9.1 負帰還システム

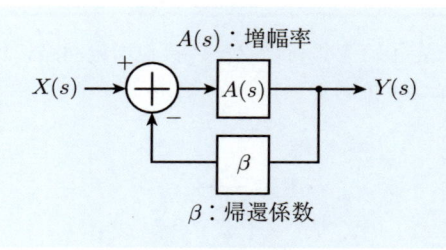

$$A(s):増幅率$$

図 9.2 増幅回路を用いた負帰還システム

$$\frac{Y}{X} = \frac{A}{1+\beta A} \approx \frac{1}{\beta}\left(1 - \frac{1}{\beta A}\right)$$

となり，$\beta A \gg 1$ の場合 Y/X は A にほとんど依存しなくなる．なお，βA を**ループゲイン**と呼ぶ．

このため，図 9.3 の増幅器が入力 x に対して

$$A(x) = \alpha_1 x + \alpha_2 x^2$$

といった非線形性を有していたとしても，ループゲインが十分に大きい場合，図 9.3 に示すように閉ループゲインはほぼ $1/\beta$ で決まることになり，増幅器の非線形性の影響を受けず線形な特性を示すことになる．

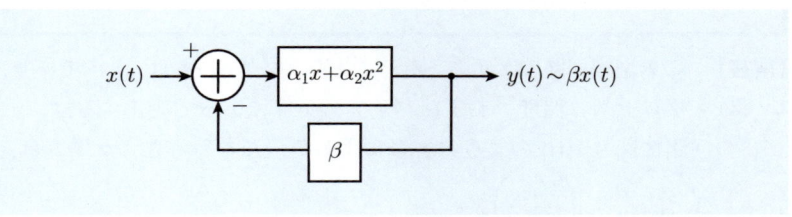

図 9.3 負帰還による増幅器 A における非線形性の改善

例題 9.1

図 9.4 のような定電流源負荷型ソース接地増幅回路に負帰還をかけた場合の閉ループゲインを求めよ．

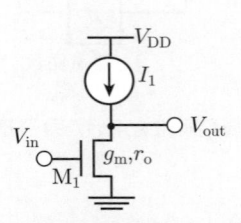

(a) 電流源負荷ソース接地回路

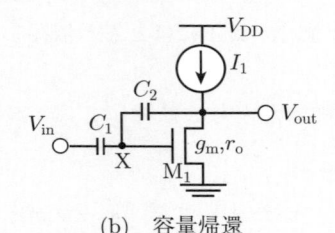

(b) 容量帰還

図 9.4　フィードバックによるゲインの安定化

【解答】 この増幅回路のゲイン（オープンループゲイン）は $g_\mathrm{m} r_\mathrm{o}$ であり，g_m, r_o いずれもプロセス，温度，およびバイアス条件によって変化する．

この回路に図 9.4(b) のように容量による負帰還を行うと，ゲインは，

$$A_\mathrm{v,closed} = \left(\frac{V_\mathrm{out}}{V_\mathrm{in}}\right)_\mathrm{closed}$$

$$= \frac{1}{\left(1 + \dfrac{1}{g_\mathrm{m} r_\mathrm{o}}\right)\dfrac{C_2}{C_1} + \dfrac{1}{g_\mathrm{m} r_\mathrm{o}}} \approx -\frac{C_1}{C_2}$$

と，容量比で求まる．この値は，温度，電圧により変化することもなく，さらにプロセスの変化に対しても，「比」の変化が小さいことから，$g_\mathrm{m} r_\mathrm{o}$ と比較してはるかに高精度でゲインが定まる．

ループゲインは，一般的には図 9.5 に示すように，入力を接地し，出力を解放した上で，ループ中の 1 カ所を切断し，そこに信号源 V_t を付加したときに，もう一方の切断端に現れる電圧 V_F をから，

$$\beta A_0 = -\frac{V_\mathrm{F}}{V_\mathrm{t}}$$

で求めることができる．

例えば，図 9.4(b) の回路の場合，出力ノードと容量結合による帰還回路を切断することで，ループゲインが求まる．なお，この場合，帰還係数 β は正であるが，増幅回路が反転増幅であるため，結果的に負帰還が実現されることになる．

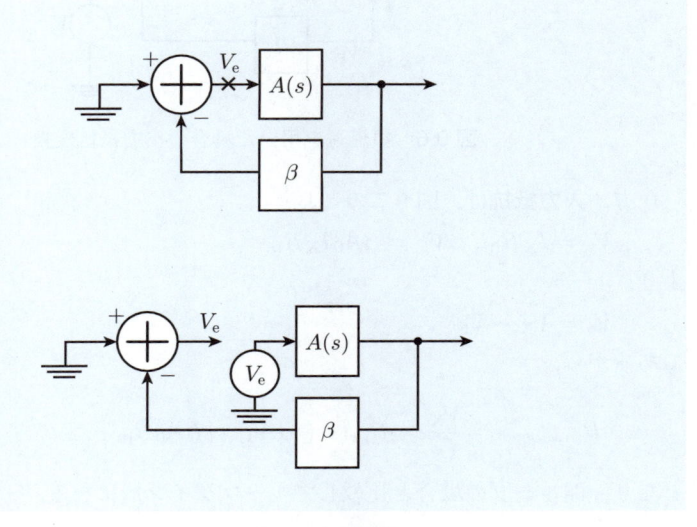

図 9.5 ループゲインの計算

9.2 負帰還と回路の入出力抵抗

負帰還を用いた場合の**出力抵抗**は図 9.6 から，$V_\mathrm{M} = -\beta A_0 V_\mathrm{X}$ であることより，

$$R_\mathrm{out,closed} = \frac{V_\mathrm{X}}{I_\mathrm{X}} = \frac{R_\mathrm{out}}{1+\beta A_0} \approx \frac{R_\mathrm{out}}{\beta A_0}$$

と，開ループの場合と比較し，1/ループゲイン に小さくなる．

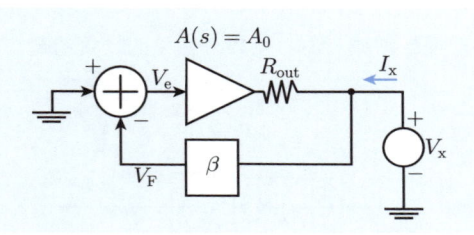

図 9.6 負帰還を用いた場合の出力抵抗変換

一方，**入力抵抗**は，図 9.7 のとおり

$$V_\mathrm{e} = I_\mathrm{X} R_\mathrm{in}, \quad V_\mathrm{F} = \beta A_0 I_\mathrm{X} R_\mathrm{in}$$

より，

$$V_\mathrm{e} = V_\mathrm{X} - V_\mathrm{F}$$

であるから，

$$R_\mathrm{in,closed} = \frac{V_\mathrm{X}}{I_\mathrm{X}} = R_\mathrm{in}(1+\beta A_0) \approx \beta A_0 R_\mathrm{in}$$

となり，開ループの場合と比較してループゲイン倍になる．

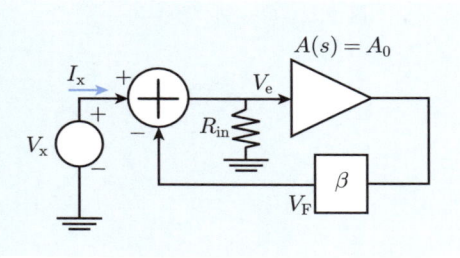

図 9.7 負帰還を用いた入力抵抗変換

例題 9.2

図 9.8 に示す差動増幅回路に容量により帰還をかける例に関してゲイン,出力抵抗を求めよ.

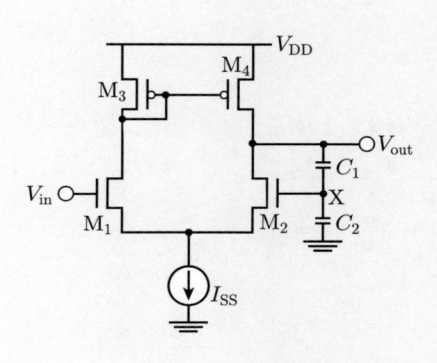

図 9.8 帰還付き差動増幅回路

【解答】 帰還係数が

$$\beta = \frac{C_1}{C_1 + C_2}$$

であるため,ループゲインは,

$$\beta A_0 = \frac{C_1}{C_1 + C_2} g_{m1,2}(r_{o2} \| r_{o4})$$

閉ループゲインは,

$$A_{v,\text{closed}} = \frac{g_{m1,2}(r_{o2} \| r_{o4})}{1 + \dfrac{C_1}{C_1 + C_2} g_{m1,2}(r_{o2} \| r_{o4})}$$

出力抵抗は,

$$R_{\text{out,closed}} = \frac{r_{o2} \| r_{o4}}{1 + \dfrac{C_1}{C_1 + C_2} g_{m1,2}(r_{o2} \| r_{o4})}$$

$$\approx \left(1 + \frac{C_2}{C_1}\right) \frac{1}{g_{m1,2}}$$

となる.

9.3 負帰還と回路の周波数特性

次に増幅器の**周波数特性**の負帰還による変化に関して考える．

図 9.9 に示すように増幅器の開ループゲインが

$$\frac{A_0}{1+\dfrac{s}{\omega_0}}$$

なる ω_0 の**バンド幅**を有するとする．このとき，閉ループゲインは，

$$\frac{X}{Y}(s) = \frac{\dfrac{A_0}{1+\dfrac{s}{\omega_0}}}{1+\beta\dfrac{A_0}{1+\dfrac{s}{\omega_0}}} = \frac{A_0}{(1+\beta A_0)+\dfrac{s}{\omega_0}}$$

$$= \frac{\dfrac{A_0}{1+\beta A_0}}{1+\dfrac{s}{(1+\beta A_0)\omega_0}}$$

となり，ゲインが $1/\beta$ になり，バンド幅が βA_0 倍となる．

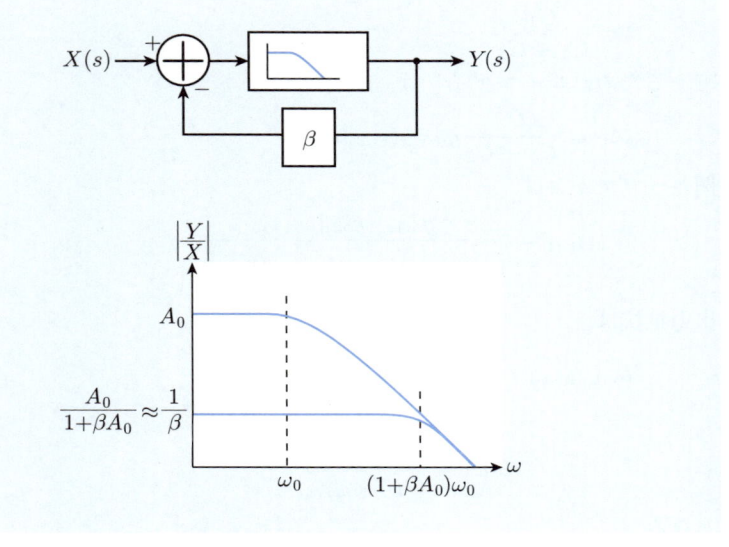

図 9.9 負帰還によるバンド幅の変換

9.4 増幅回路を用いた負帰還システムの実現

　実際の増幅回路は，表 1.2（7 ページ）で示した通り入出力が電圧もしくは電流であるかにより，図 9.10 に示ように，

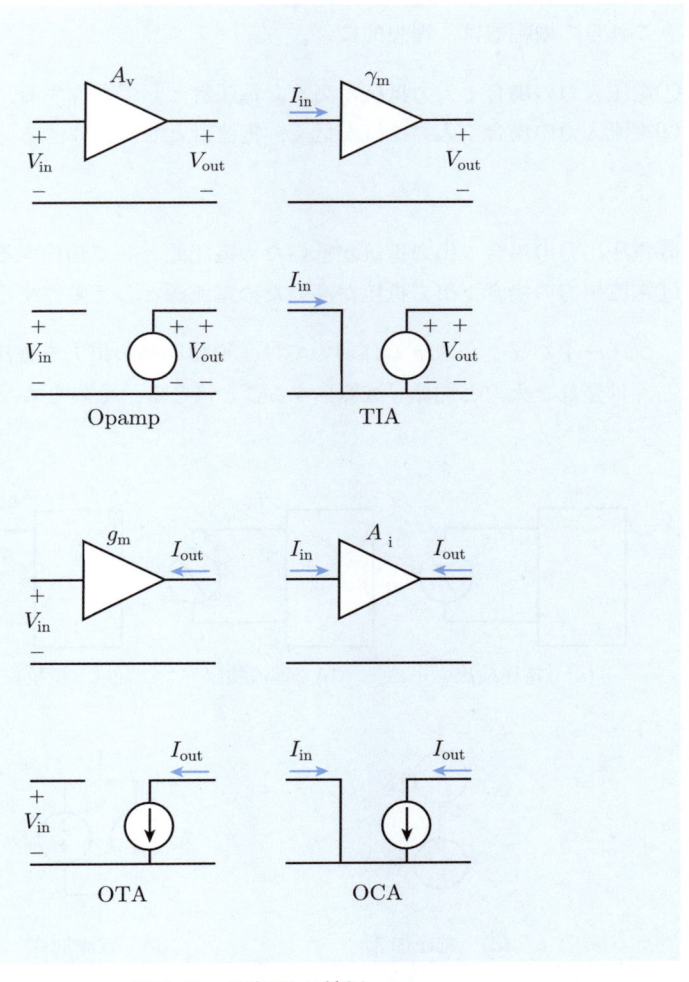

図 9.10　増幅器の種類

- **オペアンプ**（電圧入力，電圧出力）
- **TIA**（電流入力，電圧出力）
- **OTA**（電圧入力，電流出力）
- **OCA**（電流入力，電流出力）

の 4 種類に分類できる．

　これらの増幅器は，理想的には，

① 電圧入力の場合：入力抵抗が高く，電圧計として動作する．
② 電流入力の場合：入力抵抗が低く，電流計として動作する．

　また，

③ 電圧出力の場合：出力抵抗が低いため電圧源として動作する．
④ 電流出力の場合：出力抵抗が高いため電流源として動作する．

　フィードバックシステムにおいては，増幅回路の出力を検出してその一部もしくは全部を入力と加算（減算）することになる．そのため，図 9.11 に示すよ

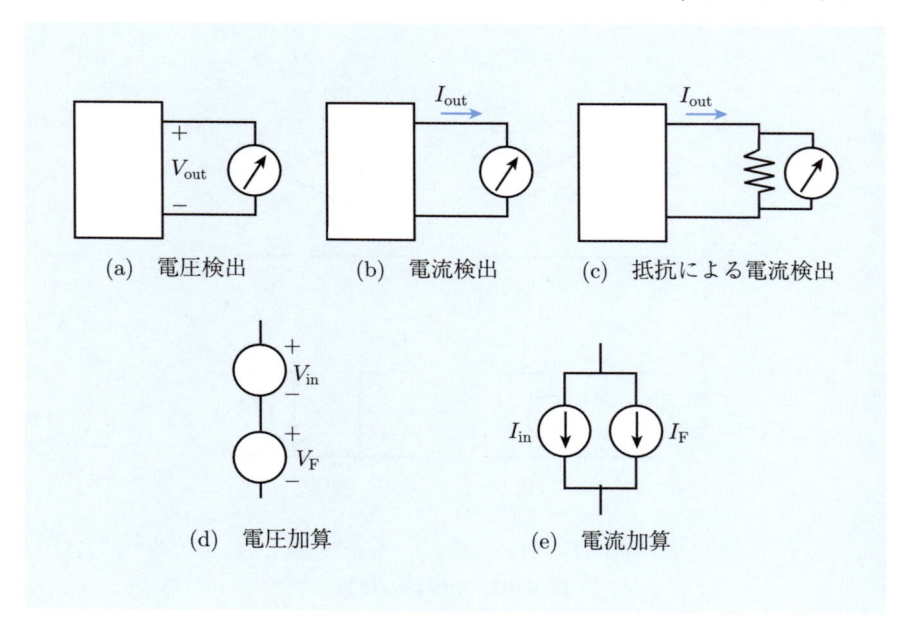

図 9.11　検出および加減算

9.4 増幅回路を用いた負帰還システムの実現

うに，電圧もしくは電流の検出を行い，それらを電圧領域もしくは電流領域にて加算を行う．

図 9.12 に電圧出力–電圧帰還のフィードバック系の例を示す．**電圧帰還**を行う場合，増幅器の出力に対して，帰還回路の入力は並列に接続されるため，理想的には帰還回路の入力抵抗は無限大であり，現実には，増幅器の出力抵抗より十分大きな入力抵抗を有するように設計すべきである．

一方，帰還回路の出力は増幅器の入力に対して直列に接続され，理想的には帰還回路の出力抵抗は 0 であり，現実には増幅器の入力抵抗より十分に小さな出力抵抗を有するように設計する．この回路は理想状態では，

$$V_\mathrm{F} = \beta V_\mathrm{out}, \quad V_\mathrm{e} = V_\mathrm{in} - V_\mathrm{F}, \quad V_\mathrm{out} = A_0(V_\mathrm{in} - \beta V_\mathrm{out})$$

より，

$$\frac{V_\mathrm{out}}{V_\mathrm{in}} = \frac{A_0}{1 + \beta A_0}$$

となる．

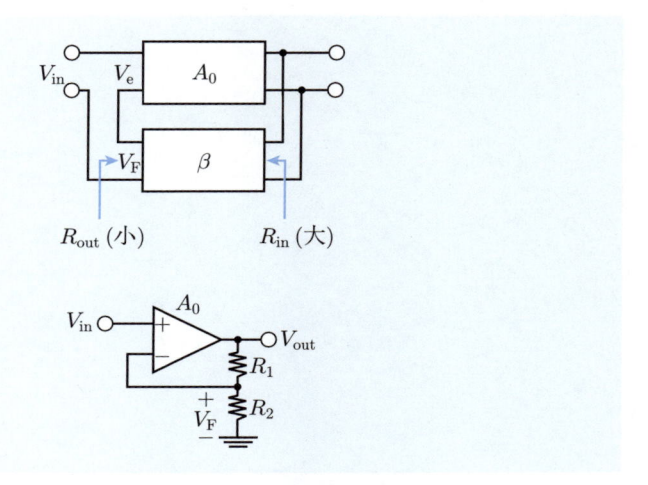

図 9.12　電圧増幅–電圧帰還の例

9章の問題

☐ **1** 増幅率 1000，出力インピーダンス 1 kΩ，バンド幅 1 kHz の増幅器を用いて，帰還率が 1/10 の負帰還のかかったフィードバックシステムに関して以下の問いに答えよ．
  (1) ループゲイン，閉ループゲイン（クローズドループゲイン）を求めよ．
  (2) 出力インピーダンスを求めよ．
  (3) バンド幅を求めよ．
  (4) 増幅器の伝達関数の極がバンド幅を決定するもののみである場合，増幅器のゲイン×バンド幅 およびフィードバックシステムの ゲイン×バンド幅 を求めよ．

10 フィードバックと回路の安定性

　フィードバック系においては，一定の条件下で回路が発振するほか，周波数特性や時間応答が不安定となる．ここでは，フェーズマージンを利用して，安定性の解析を行う．

> **10章で学ぶ概念・キーワード**
> - フェーズマージン・ゲインマージン
> - 主要極
> - ゲイン・バンド幅積
> - ユニティゲイン周波数

10.1 ループゲインと発振条件

フィードバック系における閉ループゲイン

$$\frac{Y(s)}{X(s)} = \frac{H(s)}{1 + \beta H(s)}$$

において，ループゲイン

$$\beta H(s) = -1$$

のとき，閉ループゲインが無限大となり，入力に依存せず出力が発振に至る．

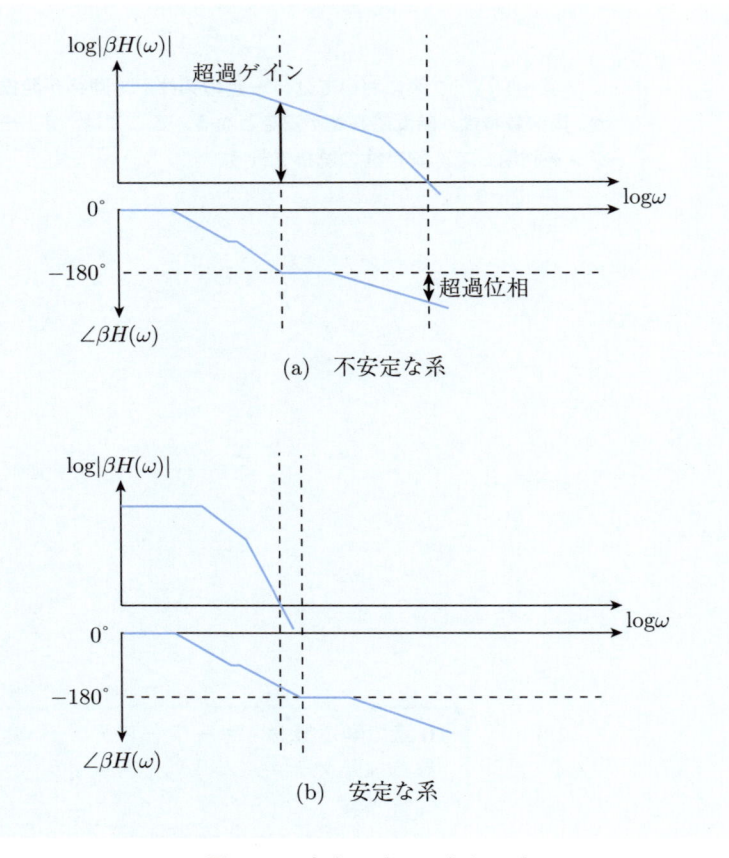

(a) 不安定な系

(b) 安定な系

図 10.1 安定な系，不安定な系

つまり，

$$\beta H(j\omega_1) = -1$$

なる ω_1 で発振する．これは，振幅，位相で表現すると，

$$|\beta H(j\omega_1)| = 1, \quad \angle \beta H(j\omega_1) = -180°$$

となる．なお，負帰還においては，もともと 180° の位相遅れが存在することから，ループゲインによる 180° により系全体で 360° の位相回転が起きることになる．

ボーデ線図で考えると，図 10.1 に示すとおり，ループゲイン $\beta H(j\omega_1)$ の位相が $-180°$ (180°) のときにループゲインが 1 以上であると不安定となり，ルー

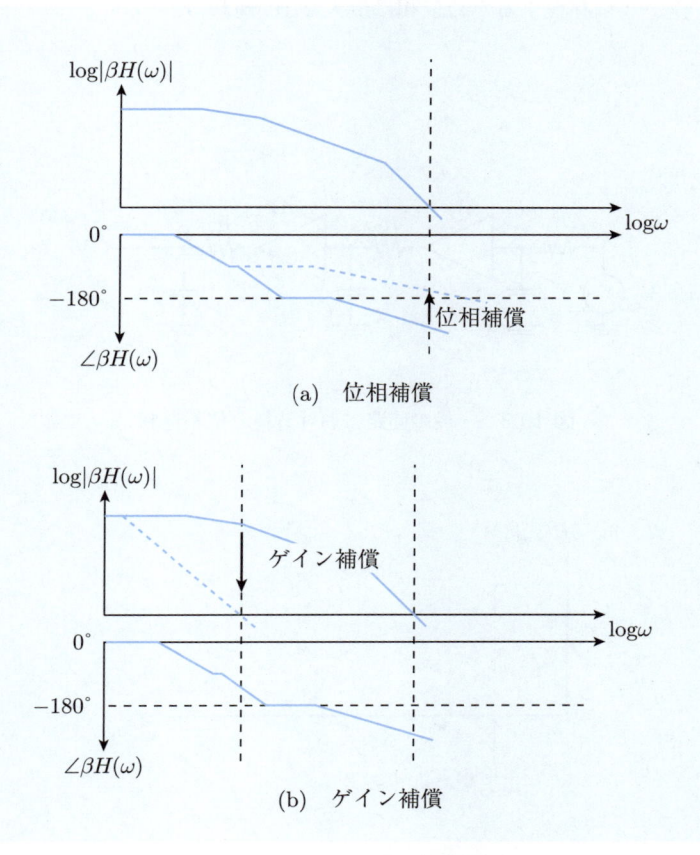

(a) 位相補償

(b) ゲイン補償

図 10.2　周波数補償

プゲインが 1 以下であると安定になる．

フィードバックを安定化させるためには，図 10.2 に示すように位相を補償することでループゲインが 1 となる周波数における位相を遅れ 180° 以下とする，もしくはゲインを補償することで，位相の遅れが 180° となる周波数におけるゲインを 1 以下にする方法が考えられる．

例 1 図 10.3 に示すような一般に回路の伝達関数は，

$$\frac{V_\text{out}}{V_\text{in}}(s) = \frac{A_1}{1 + R_s C_\text{in} s} \cdot \frac{A_2}{1 + R_1 C_N s} \cdot \frac{1}{1 + R_2 C_p s}$$

となり，極が 3 個存在するため位相は最大 270° 遅れる． □

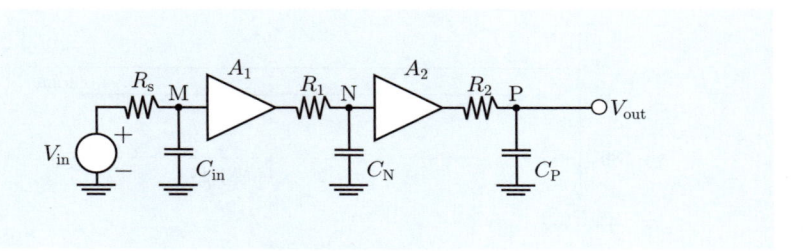

図 10.3　一般の回路における極と位相遅れ

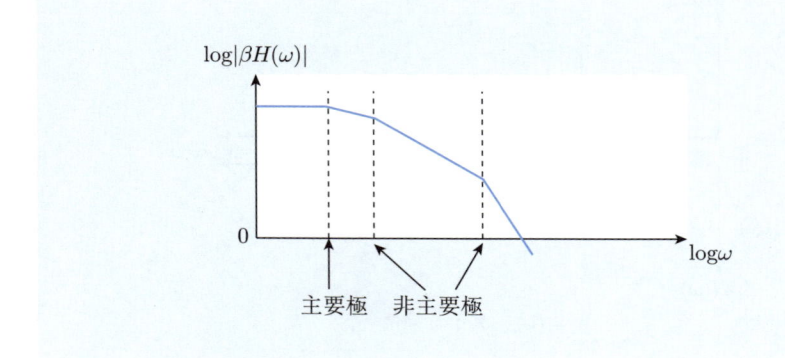

図 10.4　周波数特性における主要極と非主要極

この例のように複数の極が存在する場合，図 10.4 のように最も周波数の低い極のことを**主要極**（ドミナントポール）と呼び，系に存在するそれ以外の極を**非主要極**と呼ぶ．なお，**バンド幅**は主要極によって定まる．

非主要極の周波数が主要極の周波数と比べて十分高い場合，バンド幅以上の周波数域においてゲインは $-20\,\mathrm{dB/decade}$ で減衰するため，

　　　ゲイン × バンド幅

はフィードバック係数によらず一定で，ゲインが $0\,\mathrm{dB}$ となる周波数（周波数を**ユニティゲイン周波数** ω_u）に等しくなる．このゲインとバンド幅の積を**ゲイン・バンド幅積**（GBW）と呼び，

$$\mathrm{GBW} = \omega_\mathrm{u} = G_0 \omega_0 = G_1 \omega_1$$

である（図 10.5）．

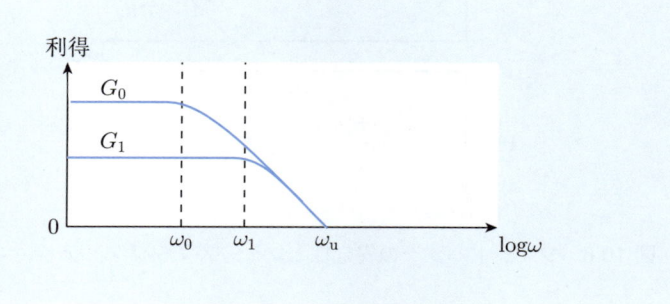

図 10.5 ゲイン・バンド幅積

☕ 過渡応答の実例

一般に伝達関数に極が 2 個以上存在する場合，伝達関数の分母の解の複素空間での配置により過渡応答が変化する．伝達関数の解が複素数 $\alpha \pm \beta i$ の場合，$x(t) = A e^{\alpha t} \sin(\beta t + \theta)$ となり，振幅が指数関数的に減衰しながら振動する．このような過渡応答を減衰振動と呼ぶ．

伝達関数の解が 2 実数 α, β の場合，単調な指数関数的減衰 $x(t) = A e^{\alpha t} + B e^{\beta t}$ となり，このような応答を過減衰と呼ぶ．また，伝達関数の解が重解 α の場合，$x(t) = e^{\alpha t}(At + B)$ となる．これは減衰振動と過減衰の境界に当たる応答で，臨界制動と呼び，過渡応答において振動することなく最も速やかに減衰する解である．

10.2 フィードバックの安定性と位相余裕・ゲイン余裕

フィードバックの安定性を議論するとき，図 10.6 のようにループゲインが 1 になる周波数 GX における位相と $-180°$ との位相差を位相余裕（フェーズマージン）と呼び，

$$\mathrm{PM} = 180° + \angle \beta H(\omega = \mathrm{GX})$$

である．また，ループゲインの位相遅れが $180°$ となる周波数 PX におけるループゲインの逆数の対数をゲイン余裕（ゲインマージン）と呼ぶ．

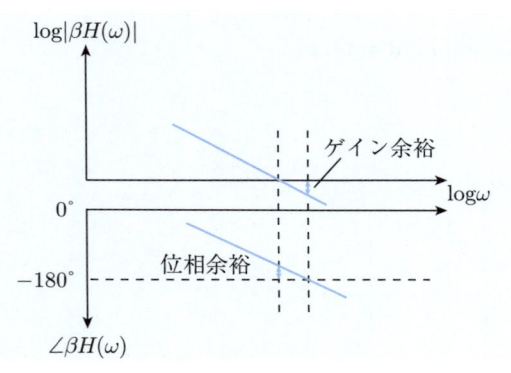

図 10.6 フィードバックの安定性とフェーズマージン，ゲインマージン

以下フェーズマージンを用いて安定性を考える．

図 10.7 に示すとおり，PM が正であれば，原理的には発振しないが，PM が小さい場合（GX と PX が近接する場合）閉ループゲインの周波数特性にピークが現れる．

例題 10.1

$$H(j\omega) = \frac{G_{\mathrm{DC}}}{\left(1 + j\dfrac{\omega}{\omega_{\mathrm{p1}}}\right)\left(1 + j\dfrac{\omega}{\omega_{\mathrm{p2}}}\right)}$$

なる極を 2 個有する系において，閉ループゲインの周波数特性にピークを生じない条件を求めよ．なお **DC ゲイン** G_{DC} は十分低い周波数における増幅器のゲインを表している．

10.2 フィードバックの安定性と位相余裕・ゲイン余裕

【解答】 閉ループゲインは,

$$\frac{Y}{X}(j\omega) = \frac{H(j\omega)}{1+\beta H(j\omega)}$$

$$= \frac{1}{\beta + \dfrac{1}{G_{\mathrm{DC}}} + \dfrac{j\omega}{G_{\mathrm{DC}}}\left(\dfrac{1}{\omega_{\mathrm{p1}}}+\dfrac{1}{\omega_{\mathrm{p2}}}\right) - \dfrac{\omega^2}{G_{\mathrm{DC}}\omega_{\mathrm{p1}}\omega_{\mathrm{p2}}}}$$

となるが,このとき,ループゲインが 1 より十分大きく ($G_{\mathrm{DC}} \gg 1/\beta$),主要極 ω_{p1} に比べて非主要極 ω_{p2} が十分に大きい ($G_{\mathrm{DC}}\cdot\omega_{\mathrm{p1}} \approx \omega_{\mathrm{u}},\ \omega_{\mathrm{p1}} \ll \omega_{\mathrm{p2}}$) とすると,

$$\frac{Y}{X}(j\omega) \approx \frac{1}{\beta + j\dfrac{\omega}{\omega_{\mathrm{u}}} - \dfrac{\omega^2}{\omega_{\mathrm{u}}\omega_{\mathrm{p2}}}}$$

と近似することができる.このとき,閉ループゲインの周波数特性にピークが現れないためには,

$$|\,\text{分母}\,|^2 = \left(\frac{\omega^2}{\omega_{\mathrm{u}}\omega_{\mathrm{p2}}}\right)^2 + \frac{\omega^2}{\omega_{\mathrm{u}}^2}$$

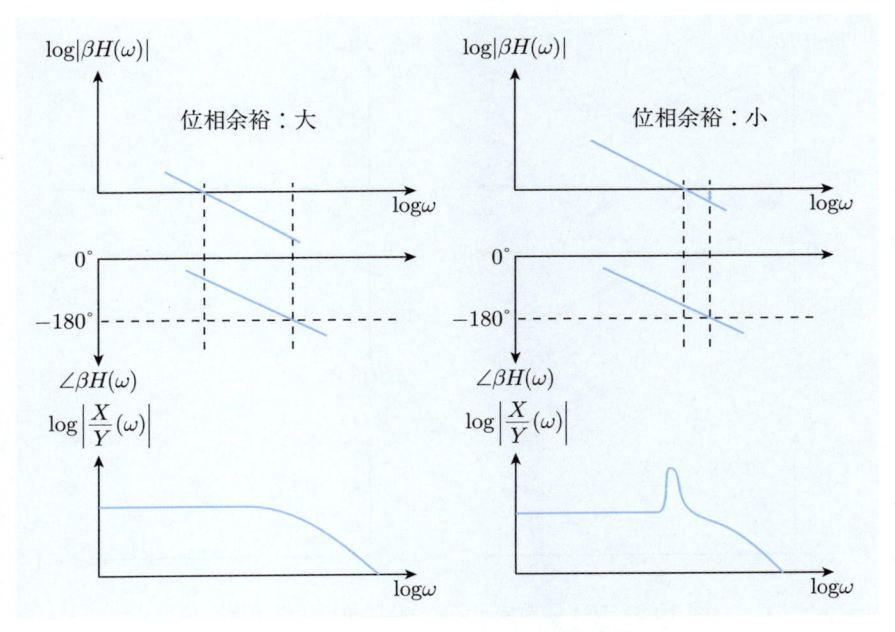

図 10.7 フェーズマージンと周波数特性

が単調増加，つまり

$$\frac{2\beta}{\omega_{\mathrm{u}}\omega_{\mathrm{p2}}} \leq \frac{1}{\omega_{\mathrm{u}}^2}$$

であればよい．このことから，

$$\omega_{\mathrm{p2}} \geq 2\beta\omega_{\mathrm{u}}$$

のとき，閉ループゲインの周波数特性にピークが現れなくなる．このとき，

$$\tan \angle \beta H(\omega_{\mathrm{u}}) = -\frac{G_{\mathrm{DC}} + \dfrac{1}{2\beta}}{1 - \dfrac{G_{\mathrm{DC}}}{2\beta}} \approx 2\beta \leq 2 \quad \rightarrow \quad \angle \beta H(\omega_{\mathrm{u}}) \leq -117°$$

よってフェーズマージンは，PM $\approx 63°$ である．

同様に，図 10.8 に示すように，フェーズマージンが小さくなると，閉ループにおける過渡応答特性にリンギングが現れる．時間領域の解析おいては，ラプラス領域での応答を考える．

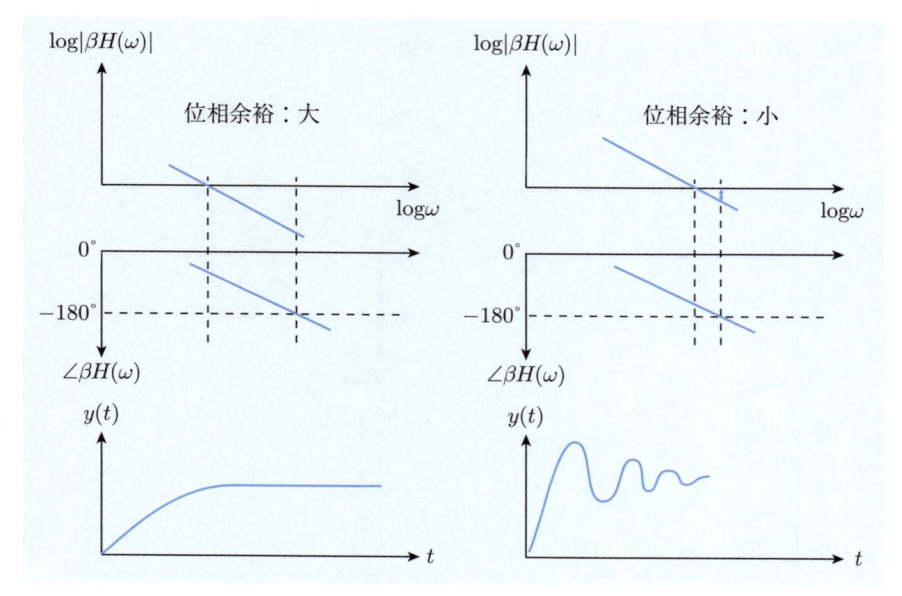

図 10.8 フェーズマージンと時間領域での過渡応答

10.2 フィードバックの安定性と位相余裕・ゲイン余裕

> **例題 10.2**
> $$H(s) = \frac{G_{\text{DC}}}{\left(1 + \dfrac{s}{\omega_{\text{p1}}}\right)\left(1 + \dfrac{s}{\omega_{\text{p2}}}\right)}$$
> なる極を 2 個有する系において，閉ループの時間領域の過渡応答にリンギングを生じない条件を求めよ．

【解答】 このとき，閉ループゲインは，

$$\frac{Y}{X}(s) = \frac{H(s)}{1 + \beta H(s)}$$

$$= \frac{1}{\beta + \dfrac{1}{G_{\text{DC}}} + \dfrac{s}{G_{\text{DC}}}\left(\dfrac{1}{\omega_{\text{p1}}} + \dfrac{1}{\omega_{\text{p2}}}\right) + \dfrac{s^2}{G_{\text{DC}}\omega_{\text{p1}}\omega_{\text{p2}}}}$$

$$\approx \frac{1}{\beta + \dfrac{s}{\omega_{\text{u}}} + \dfrac{s^2}{\omega_{\text{u}}\omega_{\text{p2}}}}$$

となり，この閉ループゲインの極が虚数成分（つまり振動成分）を持たなければ過渡応答にリンギングが生じないことになる．この閉ループゲインの 分母 $= 0$ が実数解を持つためには，

$$\frac{4\beta}{\omega_{\text{u}}\omega_{\text{p2}}} \leq \frac{1}{\omega_{\text{u}}^2}$$

つまり，

$$\omega_{\text{p2}} \geq 4\beta\omega_{\text{u}}$$

であればよい．このとき，

$$\tan \angle \beta H(\beta_{\text{u}}) = -\frac{G_{\text{DC}} + \dfrac{1}{4\beta}}{1 - \dfrac{G_{\text{DC}}}{4\beta}} \approx 4\beta \leq 4$$

$\rightarrow \quad \angle \beta H(\omega_{\text{u}}) \leq -104°$

よって，フェーズマージンは PM $\approx 76°$ である． ∎

10章の問題

1 第9章演習問題1のフィードバックシステムの安定性に関して以下の問いに答えよ．
(1) 負帰還回路の周波数特性にピークが現れないようにするには，主要でない極の周波数は何Hz以上でないといけないか求めよ．
(2) ステップ入力に対して出力にリンギングが現れないようにするには，主要でない極の周波数は何Hz以上でなければならないか求めよ．

11 オペアンプ

より実用的な増幅器として，オペアンプを取り上げる．ここでは，オペアンプのゲイン，電圧範囲について述べ，その改善手法として，テレスコピック回路，2段アンプについて述べる．

11 章で学ぶ概念・キーワード
- コモンモードレベル
- テレスコピック回路
- 2段オペアンプ

11.1 オペアンプ

演算増幅器（オペアンプ） はアナログ回路に広く用いられている．広義のオペアンプは，ゲインの十分大きい差動増幅回路のことを指す．

図 11.1(a) に示すソース接地回路の場合，ゲインは，

$$\frac{V_\text{in}}{V_\text{out}} = g_\text{m} R_\text{D}$$

であるため，素子ばらつきなどによるゲインの誤差が大きく，一般には 20%以内にすることはできない．

一方，図 11.1(b) のように負帰還をかけたオペアンプの場合，ゲインは，

$$\frac{V_\text{in}}{V_\text{out}} \approx \left(1 + \frac{R_1}{R_2}\right)\left(1 - \frac{R_1 + R_2}{R_2}\frac{1}{A_1}\right)$$

であり，$1 + R_1/R_2 = 10$ のとき，$A_1 > 1000$ とすることで，ゲインの誤差を 1%以下にすることが可能となる．

一方，

$$A(s) = \frac{A_0}{1 + \dfrac{s}{\omega_0}}$$

とすると，閉ループゲインの応答は，

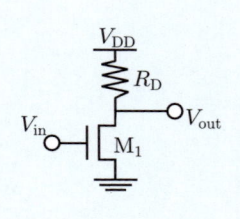

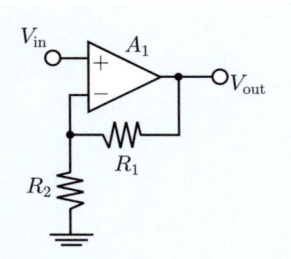

(a) ソース接地回路　　(b) 負帰還をかけたオペアンプ

図 11.1 ソース接地回路と負帰還をかけたオペアンプ

11.1 オペアンプ

$$\frac{V_{\text{out}}}{V_{\text{in}}}(s) = \frac{A(s)}{1 + \frac{R_2}{R_1 + R_2}A(s)} = \frac{\dfrac{A_0}{1 + \dfrac{R_2}{R_1 + R_2}A_0}}{1 + \dfrac{s}{\left(1 + \dfrac{R_2}{R_1 + R_2}A_0\right)\omega_0}}$$

であるため，時定数は，

$$\tau = \frac{1}{\left(1 + \dfrac{R_2}{R_1 + R_2}A_0\right)\omega_0} \approx \left(1 + \frac{R_1}{R_2}\right)\frac{1}{A_0\omega_0}$$

である．このシステムのステップ応答は，

$$V_{\text{in}}(t) = u(t) \ \rightarrow \ V_{\text{out}}(t) \approx \left(1 + \frac{R_1}{R_2}\right)\left(1 - \exp -\frac{t}{\tau}\right)u(t)$$

となる．$1 + R_1/R_2 = 10$ のとき，出力が99%に達するまでの応答時間 $\tau_{1\%}$ は，

$$t_{1\%} = \tau \ln 100 \approx 4.6\tau$$

となる．このとき，ユニティゲイン周波数は，

$$\omega_{\text{u}} = A_0\omega_0 = \left(1 + \frac{R_1}{R_2}\right)\frac{1}{\tau} = \frac{46}{t_{1\%}}$$

であることから，必要となる**応答時間** $t_{1\%}$ に応じて**ゲイン**，**バンド幅**を設計すればよい．

オペアンプの設計にあたっては，このほか，

- 大信号バンド幅
- 出力電圧範囲

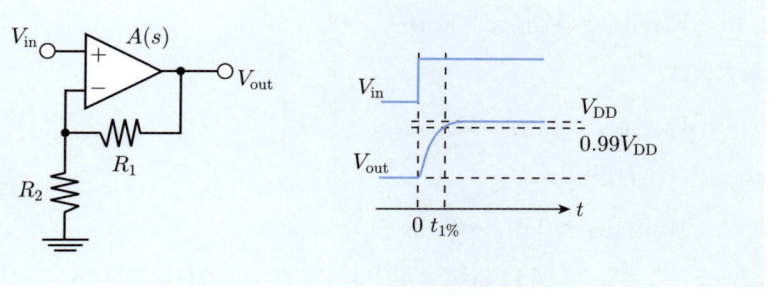

図 11.2 バンド幅と過渡応答

- 線形性
- ノイズ
- オフセット
- 電源雑音抑制力

などの性能パラメータを考慮する必要がある.

ここでは,入出力の**電圧範囲**に関して考えることにする.

図 11.3(a) に示すカレントミラー負荷差動増幅回路において,全てのトランジスタが飽和領域で動作するためには,入力電圧の最小値は,

$$V_{\text{in,min}} = V_{\text{ODSS}} + V_{\text{GS1}}$$
$$= V_{\text{ODSS}} + V_{\text{TH1}} + V_{\text{OD1}}$$

である.ただし,V_{ODSS} は電流源 I_{SS} の動作に必要なドレイン–ソース間電圧,V_{ODj} は各トランジスタが飽和領域で動作するために必要なオーバードライブ電圧である.

一方,入力電圧の最大値は,

$$V_{\text{in,max}} = V_{\text{DD}} - |V_{\text{GS3}}| + V_{\text{TH1}}$$
$$= V_{\text{DD}} - (V_{\text{OD3}} + |V_{\text{TH3}}|) + V_{\text{TH1}}$$

となることから,入力電圧振幅は,

$$V_{\text{in,swing}} \approx V_{\text{DD}} - 3V_{\text{OD}} - V_{\text{TH}}$$

となる.また,出力電圧の最小値は,

$$V_{\text{out,min}} = V_{\text{ODSS}} + V_{\text{OD1}}$$

最大値は,

$$V_{\text{out,max}} = V_{\text{DD}} - V_{\text{OD3}}$$

よって,出力振幅は,

$$V_{\text{out,swing}} \approx V_{\text{DD}} - 3V_{\text{OD}}$$

である.このとき,図 11.3(b) に示すように $\beta = 1$ の負帰還をかけると図 11.3(c) より,

11.1 オペアンプ

(a) 単純なオペアンプ

(b) 100% 負帰還

(c) 単純なオペアンプにおける 100% 負帰還

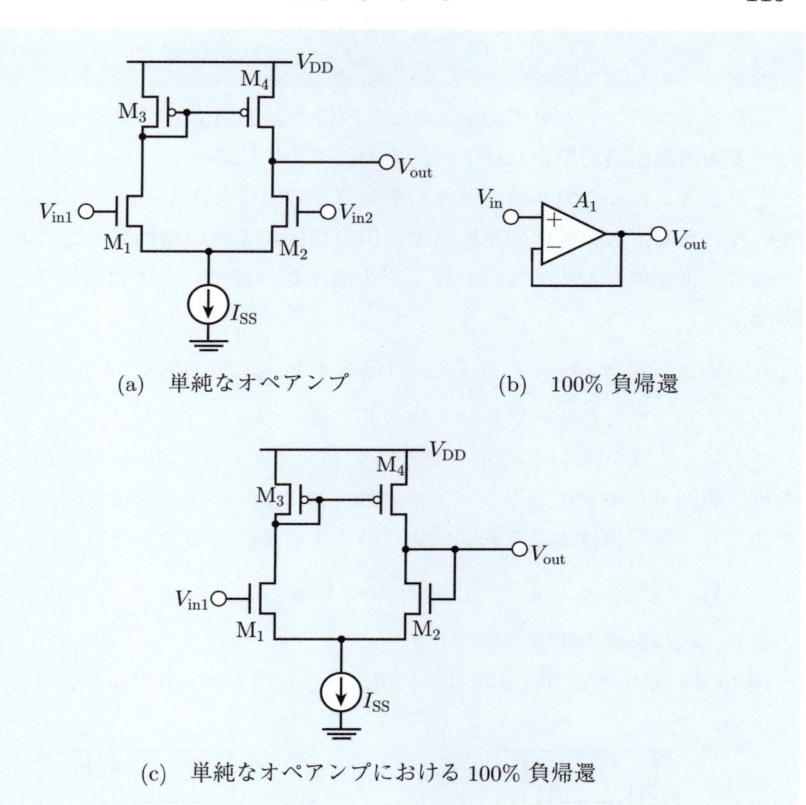

図 11.3 単純なオペアンプにおける入力電圧範囲

$$V_{\text{in,min}} = V_{\text{out,min}} = V_{\text{ODSS}} + V_{\text{TH1}} + V_{\text{OD1}}$$

$$V_{\text{in,max}} = V_{\text{out,max}} = V_{\text{DD}} - (V_{\text{OD3}} + |V_{\text{TH1}}|) + V_{\text{TH1}}$$

となる．この電圧範囲のことを**コモンモードレベル**と呼ぶ．またこのとき，出力抵抗は，ループゲインが十分に大きいと仮定すると，

$$R_{\text{out,closed}} = \frac{R_{\text{out,open}}}{\beta A} = \frac{r_{o1,2} \| r_{o4}}{g_{m1,2}(r_{o1,2} \| r_{o4})} = \frac{1}{g_{m1,2}}$$

となる．

11.2 カスコード型オペアンプ

ここでオペアンプのゲインを高めるためには図 11.4 に示すようなカスコード型の差動増幅回路を用いればよい．なお，この構成のカスコード増幅回路のことを**テレスコピックカスコードオペアンプ**と呼ぶことがある．すでに第 6 章で述べたとおり，この構成の増幅器では出力抵抗が 1 段の増幅器と比べ増大するために，増幅率が増大する．ただし出力電圧範囲は単一出力構成図 11.4(a) の場合，

$$V_{\text{out,swing}} = V_{\text{DD}} - (V_{\text{OD1}} + V_{\text{OD3}} + V_{\text{ODSS}} + |V_{\text{OD5}}| + |V_{\text{OD7}}|)$$

となり，シンプルなオペアンプと比較して狭くなってしまう．

さらに，これを図 11.5 に示すようにフィードバックに用いたときの，入出力の電圧範囲（コモンモードレベル）の最大値は M_2 が飽和領域で動作する範囲で決まり，最小値は M_4 が飽和領域で動作する範囲で決まるため，

$$V_{\text{b}} - V_{\text{TH4}} \leq V_{\text{out}} \leq V_{\text{b}} - V_{\text{GS4}} + V_{\text{TH2}}$$

となり，動作範囲が限定されてしまう．

図 11.6 に示すとおり，カスコード回路をさらに重ねトリプルカスコードとす

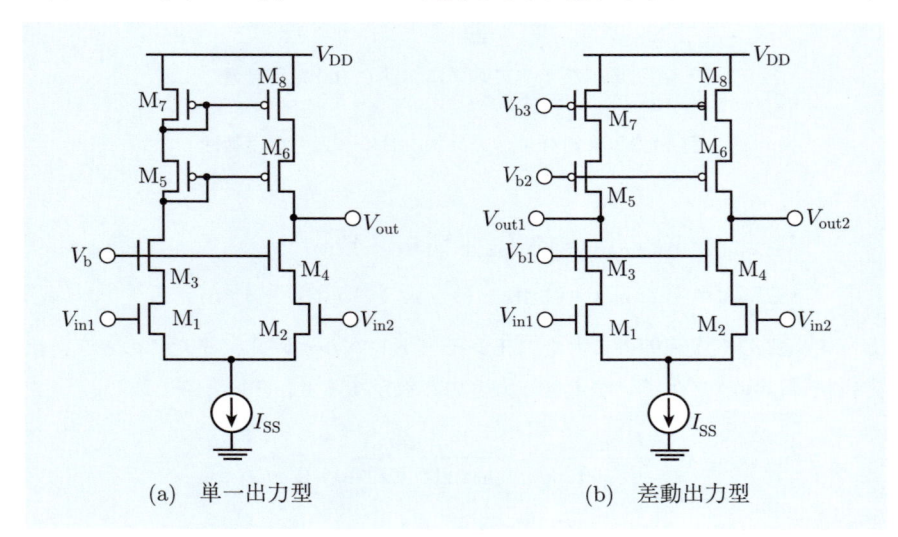

図 11.4 テレスコピック型カスコードオペアンプ

ることで，さらにゲインを増大させることが可能となる．ただし，出力電圧範囲がさらに狭まるため，電源電圧 3 V 以下においてはほとんど動作しない．

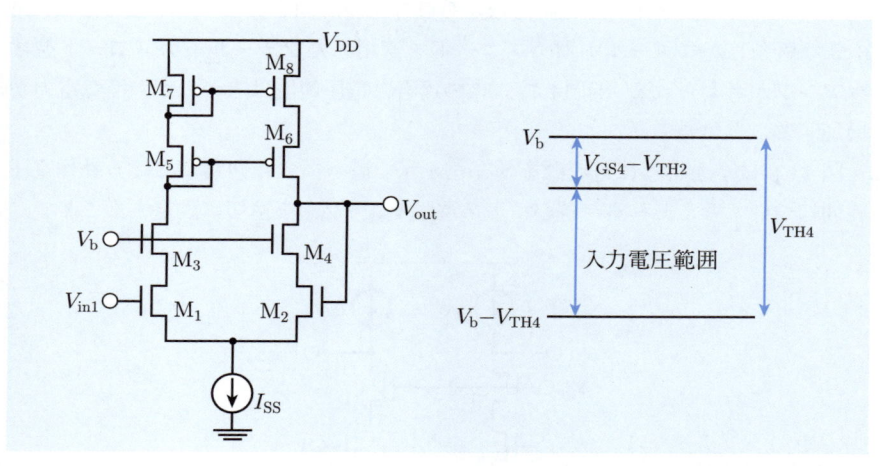

図 11.5 テレスコピック回路をフィードバックに用いた場合の入力電圧範囲

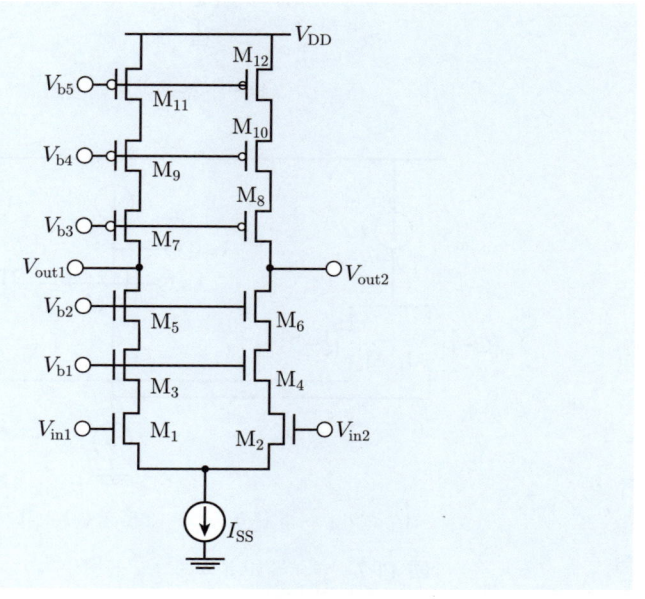

図 11.6 トリプルカスコード

11.3　カスコード型オペアンプの動作電圧範囲・極配置

　カスコードの高ゲインを維持しながら動作電圧範囲を拡大する手法として，第6章で紹介したフォールド型カスコードを適用した**フォールドカスコード型オペアンプ**が考えられる（図11.7）．この場合，電圧範囲は広がるが，消費電力が増加することになる．

　図11.8に示すように電流源を $M_5 \sim M_{10}$ で置き換えた回路における動作電圧範囲について考えてみる．各バイアス電圧 $V_{b1} \sim V_{b4}$ を適切に設定することで，

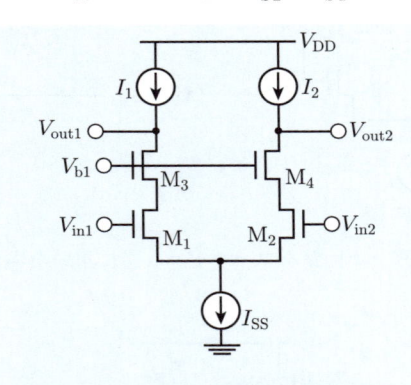

(a)　カスコード型差動増幅回路

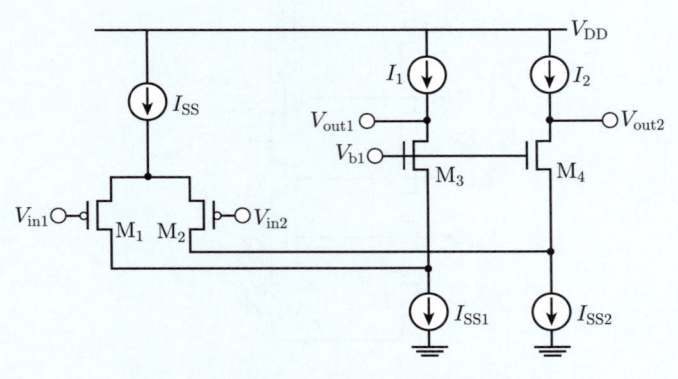

(b)　フォールドカスコード型差動増幅回路

図 11.7　フォールドカスコード型オペアンプ

11.3 カスコード型オペアンプの動作電圧範囲・極配置

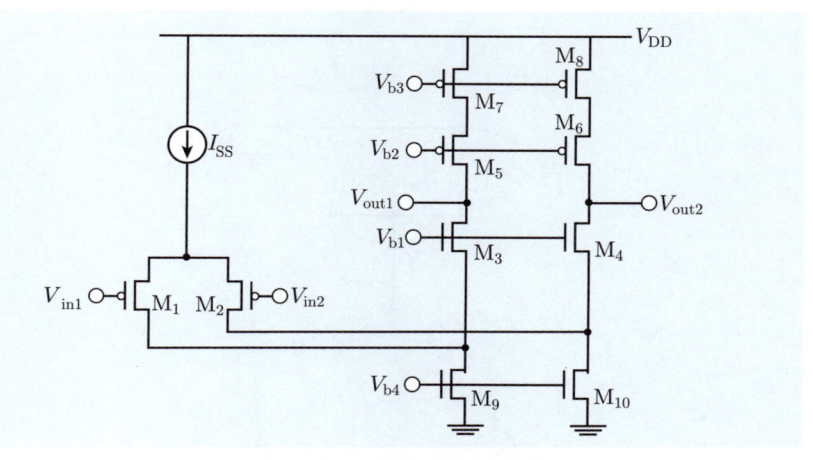

図 11.8 電流源を MOS トランジスタで置き換えた実際のフォールドカスコード型オペアンプ

$$V_{\text{out,max}} = V_{\text{DD}} - (|V_{\text{OD7}}| + |V_{\text{OD5}}|), \quad V_{\text{out,min}} = V_{\text{OD3}} + V_{\text{OD9}}$$

したがって，

$$V_{\text{swing}} = V_{\text{DD}} - (V_{\text{OD3}} + V_{\text{OD9}} + |V_{\text{OD7}}| + |V_{\text{OD5}}|)$$

となり，テール電流源に必要な電圧分だけ電圧振幅を大きくできることがわかる．このフォールドカスコード型オペアンプのゲインは，M_3 のソース側に接続された抵抗としては M_1，M_5 が並列に見えることから，$r_{o1} \| r_{o5}$ となる．このとき，M_3 の抵抗成分は，

$$r_{o3} \| r_{o9}$$

より十分大きいため，

$$R_{\text{out}} \approx [(g_{m3} + g_{mb3})r_{o3}(r_{o1} + r_{o9})] \| [(g_{m7} + g_{mb7})r_{o7}r_{o5}]$$

となり，

$$A_v \approx g_{m1}\{[(g_{m3} + g_{mb3})r_{o3}(r_{o1} + r_{o5})] \| [(g_{m7} + g_{mb7})r_{o7}r_{o9}]\}$$

となる．このようにフォールドカスコード型では，前節の図 11.6 のテレスコピック型と比較してゲインが $1/2 \sim 1/3$ となる．

またフォールドカスコード型では，図 11.9 に示すように入力トランジスタ M_1 とカスコード段 M_3 の間のノードに存在する極が，M_3 の入力抵抗 $1/(g_{m3} + g_{mb3})$

(a) カスコード型の極

(b) フォールドカスコード型の極

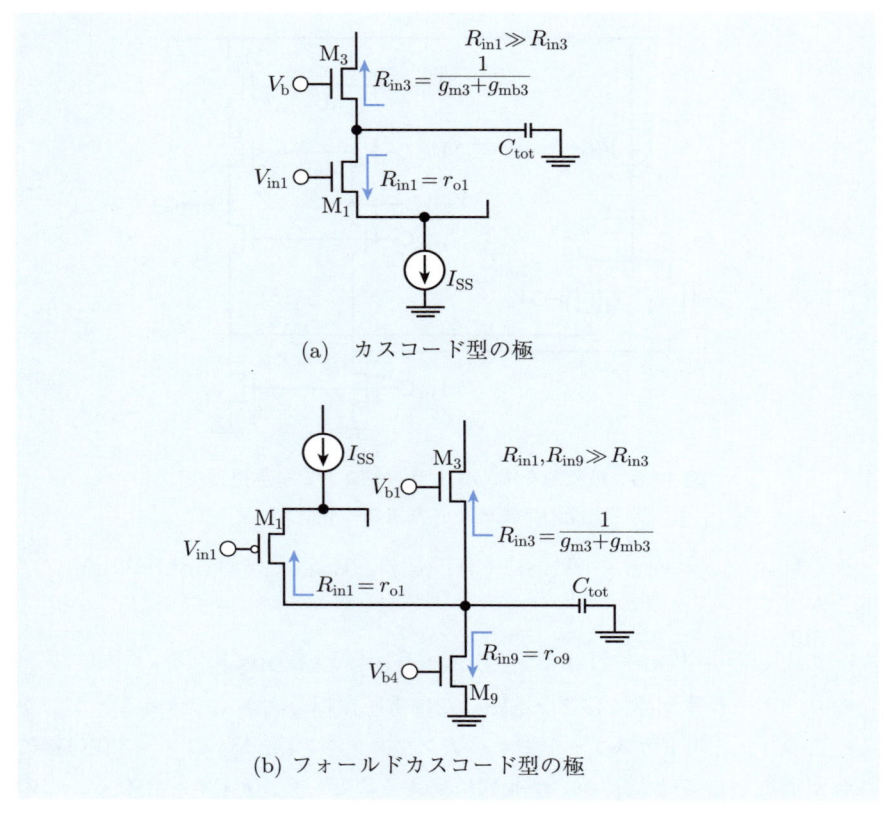

図 11.9　フォールドカスコード型における極の存在

およびこのノードにおける容量 C_tot の積により決まる．後者は，バイアス電流源 M_5 分だけ増加することになり，極の周波数がテレスコピック型と比較して低下することになる．

　以上のようにフォールドカスコード型オペアンプは，電力の増加，ゲインの低下，非主要極の低下など，出力電圧範囲の増大に対して多くの犠牲を払う回路であるが，入力電圧範囲が広く結果的にコモンモードレベルの調整が容易であるため，テレスコピック回路と比較して広く用いられている．

　オペアンプのゲインおよび出力電圧範囲をともに広げるためには，図 11.10 に示す **2 段構成**とすることが有効である．この場合，初段でゲインを稼ぎ，2 段

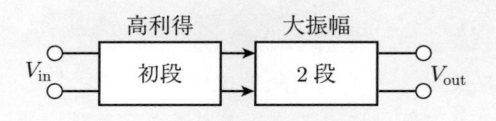

11.3 カスコード型オペアンプの動作電圧範囲・極配置

図 11.10 2段オペアンプ

目で出力電圧を広げることが可能となる.

例題 11.1

図 11.11 に示す,単純な差動増幅回路にソース接地回路を設けた回路のゲインおよび出力電圧範囲を求めよ.

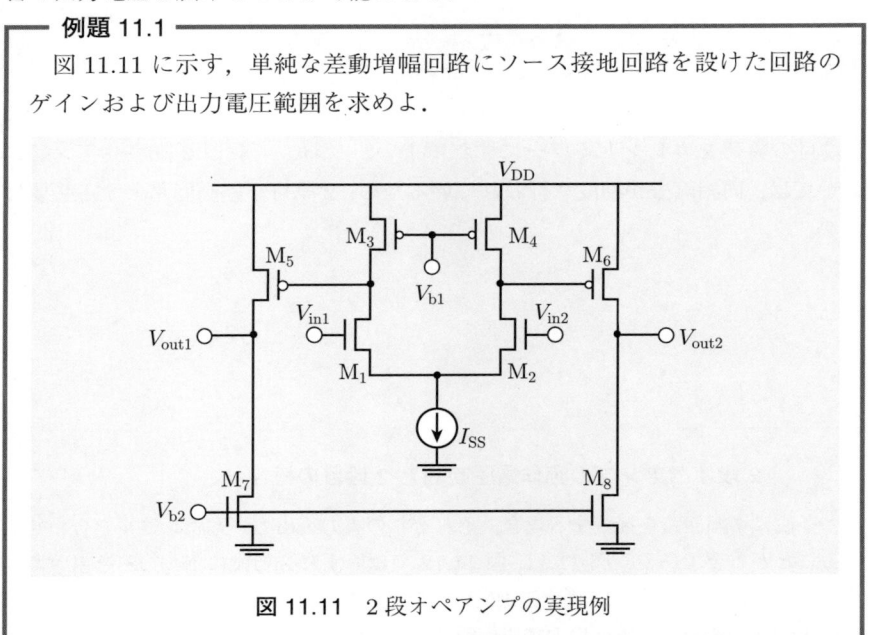

図 11.11 2段オペアンプの実現例

【解答】 ゲインは,

$$A_{v1} = g_{m1,2}(r_{o1,2} \| r_{o3,4}), \quad A_{v2} = g_{m5,6}(r_{o5,6} \| r_{o7,8})$$

であるため,

$$A_v = A_{v1} A_{v2} = g_{m1,2}(r_{o1,2} \| r_{o3,4}) g_{m5,6}(r_{o5,6} \| r_{o7,8})$$

とカスコード型オペアンプに相当するゲインを実現することが可能である.

一方,出力電圧範囲は,V_{out1}, V_{out2} をそれぞれ $V_{DD} - |V_{OD5,6}| - V_{OD7,8}$ と広く取ることが可能である.

11.4　2段オペアンプ

2段オペアンプでは，ゲインの向上には，初段のゲインを高めるとよく，図 11.12 に示すように初段にカスコードタイプの差動増幅回路を用いればよい．これにより，全体のゲインは，

$$A_\mathrm{v} = g_{\mathrm{m}1,2}\{[(g_{\mathrm{m}3,4} + g_{\mathrm{mb}3,4})r_{\mathrm{o}3,4}r_{\mathrm{o}1,2}] \| [(g_{\mathrm{m}5,6} + g_{\mathrm{mb}5,6})r_{\mathrm{o}5,6}r_{\mathrm{o}7,8}]\}$$
$$\times [g_{\mathrm{m}9,10}(r_{\mathrm{o}9,10} \| r_{\mathrm{o}11,12})]$$

となる．

2段オペアンプにおいて単一出力を得たい場合には，図 11.13 に示すとおり，2段目の負荷をカレントミラーにすればよい．なお，一般に 2 段オペアンプにおいては，同相除去が初段で行われているため，2段目を差動回路とする必要はない．

> **2段オペアンプの動作電圧範囲と 2 段目の極性**
>
> 多段に増幅回路を接続する場合，それぞれの入力・出力の電圧レベルを合わせることが重要である．図 11.11，図 11.12 ではいずれも初段に NMOS を用いた差動増幅回路を用い，2段目に PMOS を用いたソース接地回路を用いている．図 11.12 の場合，初段の出力電圧範囲は，
>
> $$V_{\mathrm{b}1} - V_{\mathrm{TH}} \leq V_{\mathrm{out,1st}} \leq V_{\mathrm{b}2} + V_{\mathrm{TH}}$$
>
> 2 段目の入力電圧範囲は，
>
> $$V_{\mathrm{b}4} - 2V_{\mathrm{TH}} \leq V_{\mathrm{in,2nd}} \leq V_{\mathrm{DD}} - (V_{\mathrm{TH}} + V_{\mathrm{ov}})$$
>
> 出力電圧範囲は，
>
> $$V_{\mathrm{b}4} - V_{\mathrm{TH}} \leq V_{\mathrm{out}} \leq V_{\mathrm{DD}} - V_{\mathrm{ov}}$$
>
> となる．この場合，一般的には初段の出力電圧範囲が狭いため，2段目を NMOS を用いたソース接地回路としても電圧範囲としては問題になることはない．

11.4 2段オペアンプ

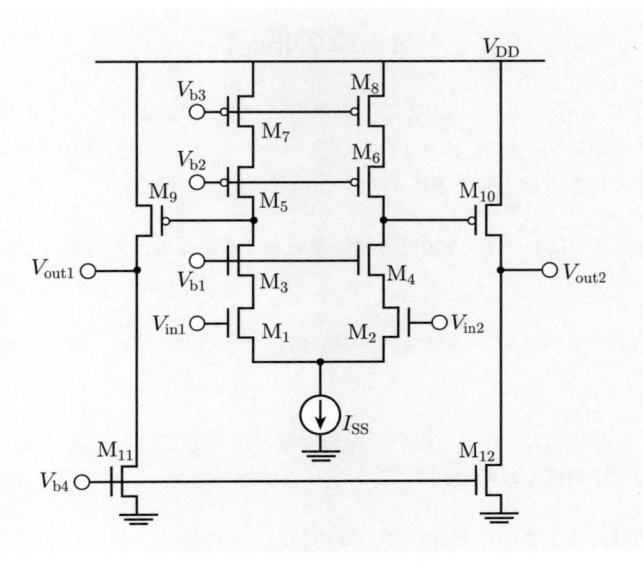

図 11.12 カスコードタイプ 2 段オペアンプ

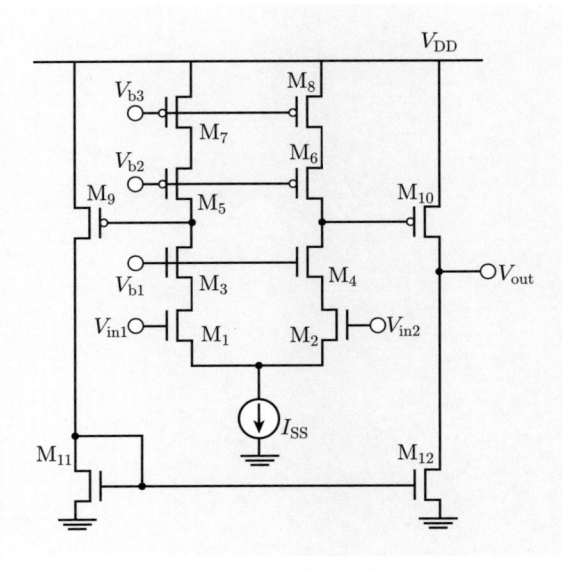

図 11.13 単一出力型 2 段オペアンプ

11章の問題

☐ **1** CMOS を用いた単一出力の最も簡単なオペアンプにおいて，そのしきい値電圧が 0.8 V，MOS トランジスタを用い，オーバードライブ電圧を 0.2 V とするとき，入力電圧の最小，最大値を求めよ．

☐ **2** 演習問題 1 において，100%の負帰還をかける場合の，入力・出力の電圧範囲を求めよ．

☐ **3** 図 11.6 に示すトリプルカスコードを用いたオペアンプの，入力・出力電圧範囲を求めよ．

☐ **4** フォールドカスコードを用いた差動増幅回路（図 11.8）における，入力電圧範囲，出力電圧範囲を求めよ．

☐ **5** 図 11.11，11.12 の 2 段オペアンプの初段，2 段目の入力，出力電圧範囲をそれぞれ求めよ．

12 フィードバックと位相補償

増幅回路にフィードバックを用いた場合の周波数特性に関して，位相補償を中心に述べる．

> **12章で学ぶ概念・キーワード**
> - 位相補償
> - ループゲインの周波数特性
> - ポールスプリッティング
> - ミラー効果

12.1 フィードバックの安定化

第10章で述べたとおり，フィードバックを安定化するためには，ループゲインが0 dB付近で位相を進ませるか，もしくは，位相遅れ180°においてループゲインが0 dBを超えないようにループゲインを低下させるかのいずれかの方法がとられる．図12.2(a)に示すテレスコピック回路では，出力ノードに付加される負荷容量C_Lが大きいことや，出力抵抗R_{out}が高いことから，出力ノードが**主要極**

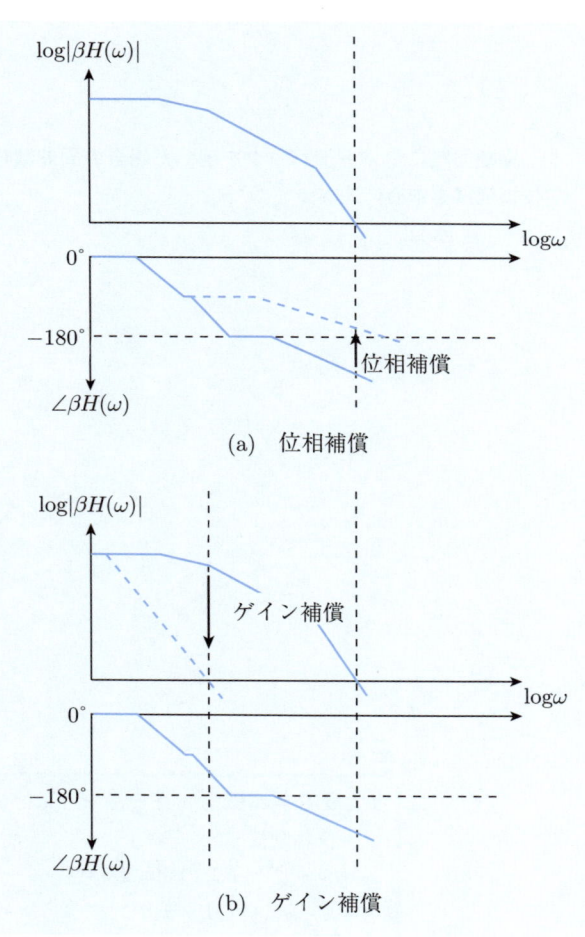

(a) 位相補償

(b) ゲイン補償

図12.1 フィードバックの安定化

12.1 フィードバックの安定化

となる．このとき，各ノードにおける極はおよそ表 12.1 に示す大きさとなることから，図 12.2(b) に示すように**周波数軸上に配置される**．このため，ループゲインの周波数特性は図 12.3 に示すとおりとなる．

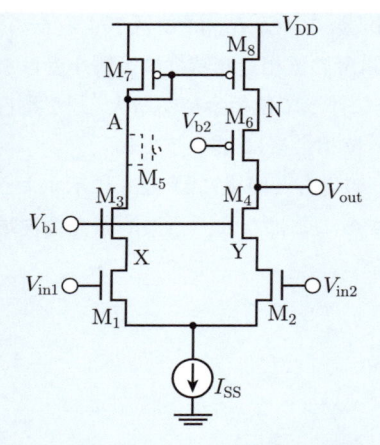

表 12.1 テレスコピック回路の各ノードにおける容量と抵抗

ノード	容量	抵抗
X, Y	$2C_{sd}$	$r_o \parallel \dfrac{1}{g_m} \approx \dfrac{1}{g_m}$
A	$2C_g + 2C_{sd}$	$g_m r_o^2 \parallel \left(r_o \parallel \dfrac{1}{g_m} \right) \approx \dfrac{1}{g_m}$
N	$2C_{sd}$	$r_o \parallel \dfrac{1}{g_m} \approx \dfrac{1}{g_m}$
OUT	C_L	$\dfrac{1}{2} g_m r_o^2$

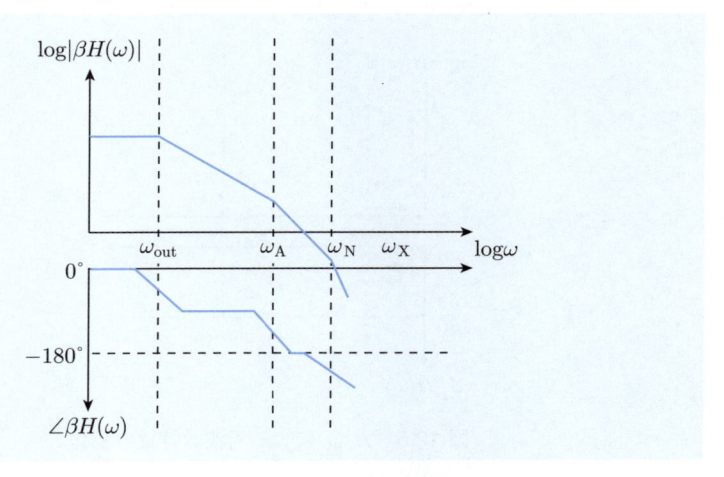

(a) テレスコピック回路（M_5 省略）

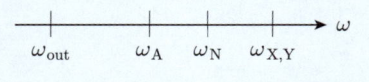

(b) (a) の各ノードの極配置

図 12.2 テレスコピック回路と各ノードにおける極

図 12.3 テレスコピック回路の周波数特性

12.2 容量・抵抗による位相補償

ここで，出力ノードの負荷容量 C_L による**位相補償**を考えてみる．C_L を増大させると図 12.4 に示すように主要極の周波数 $1/(C_\mathrm{L} R_\mathrm{out})$ が低下するため，**ユニティゲイン周波数**も低下するが，$-90°$ 以降の位相遅れ特性は影響を受けない．このため，ユニティゲイン周波数の低下に伴って**位相余裕**が増大し，2 番目の極がユニティゲイン周波数に等しい場合，位相余裕は $45°$ となる．

一方，出力抵抗 R_out を増大させると，C_L の場合と同様に図 12.5 に示すように主要極は低下するが，DC ゲインが増大することになり，結果的に高周波域における特性は変化せず，**位相補償**はできない．

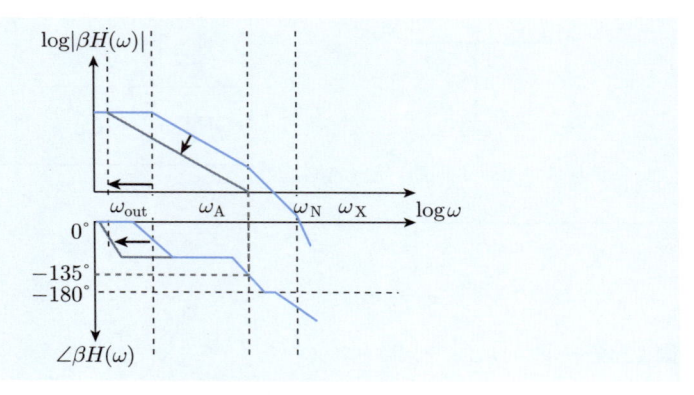

図 12.4 出力ノードの負荷容量 C_L による位相補償

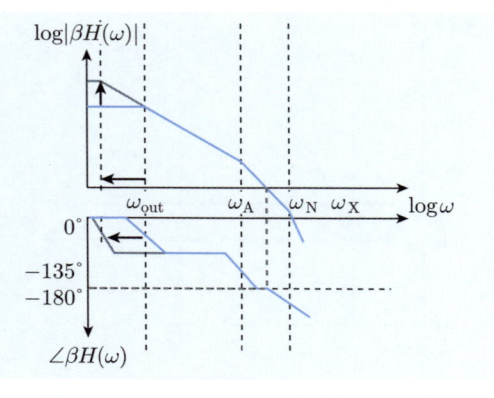

図 12.5 R_out による周波数特性の変化

12.3　2段オペアンプとポールスプリッティング

テレスコピック型オペアンプを初段に用いた 2 段オペアンプの場合（図 12.6），信号パスにおける極は，A,B ノード，E,F ノードおよび X,Y ノードとなり，表 12.2 よりそれぞれ

$$\omega_{A,B} = \frac{1}{C_L(r_{o9,10} \| r_{o11,12})}$$

$$\omega_{E,F} = \frac{1}{C_{E,F}\{[(g_{m3,4} + g_{mb3,4})r_{o3,4}r_{o1,2}] \| [(g_{m5,6} + g_{mb5,6})r_{o5,6}r_{o7,8}]\}}$$

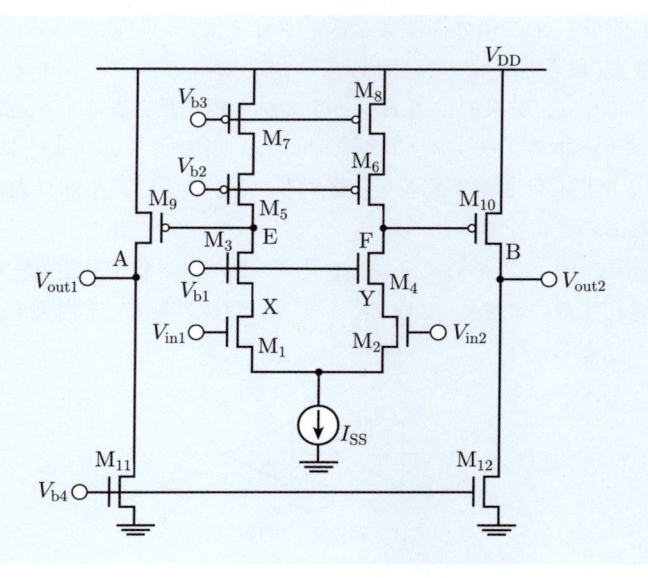

図 12.6　2 段オペアンプ回路

表 12.2

ノード	容量	抵抗
X,Y	$C_{sd1,2} + C_{sd3,4} \approx 2C_{sd}$	$r_{o1,2} \left\| \dfrac{1}{g_{m3,4}} \approx \dfrac{1}{g_m} \right.$
E,F	$C_{g9,10} + C_{sd3,4} + C_{sd5,6} = C_g + 2C_{sd}$	$\sim \dfrac{1}{2}g_m r_o^2$
A,B	$C_L + C_{sd9,10} + C_{sd11,12} = C_L + 2C_{sd} \approx C_L$	$\dfrac{1}{2}r_o$

$$\omega_{\mathrm{X,Y}} = \frac{g_{\mathrm{m3,4}}}{C_{\mathrm{X,Y}}}$$

と表される．ここで，$\omega_{\mathrm{A,B}}, \omega_{\mathrm{E,F}}$ いずれも小さいため，**位相補償**を行わないと系が不安定となる．このとき，出力の負荷容量を増大させることで位相補償を行おうとすると，非常に大きな C_{L} が必要になりかつ非常に低速となってしまう．

一方，E,F ノードの極の周波数を低下させることにより位相補償を行う場合，E,F ノードの容量を増大させる必要がある．このとき，2 段目の増幅回路の入出力 A–E 間および B–F 間に図 12.7 のように容量 C_{c} を接続すると，**ミラー効果**により E,F ノード側から見える等価容量が $(1+A_{\mathrm{v2}})C_{\mathrm{c}}$ と増幅器のゲイン倍となり，E,F ノードの極の周波数を低下させることが可能である．と同時に，**ミラー容量** C_{c} は高周波領域では図 12.6 の M_9, M_{10} のゲート–ドレインをショートすることになり，結果的に A,B ノードの極の周波数を高くする効果も得られる．これは**ポールスプリッティング**と呼ばれ，図 12.8 に示すように A,B における極と E,F における極を大きく分離することができ，結果的に大きな位相余裕が生まれることになる．

以上，図 12.9 にまとめるように，1 段アンプでは，負荷容量 C_{L} を増大することで安定化するのに対し，2 段アンプでは，負荷容量 C_{L} を増大すると不安定化することになる．

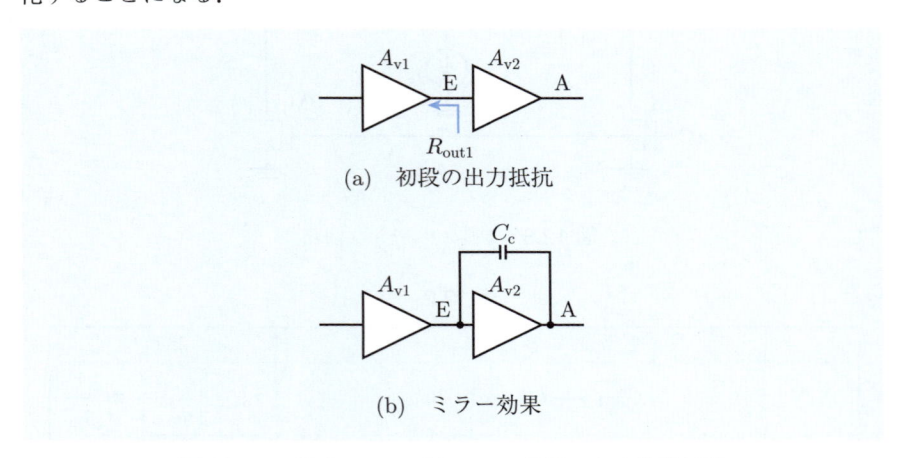

(a) 初段の出力抵抗

(b) ミラー効果

図 12.7 2 段オペアンプとミラー効果による位相補償

12.3 2段オペアンプとポールスプリッティング

(a) 図 12.7(a) の極配置

ポールスプリット

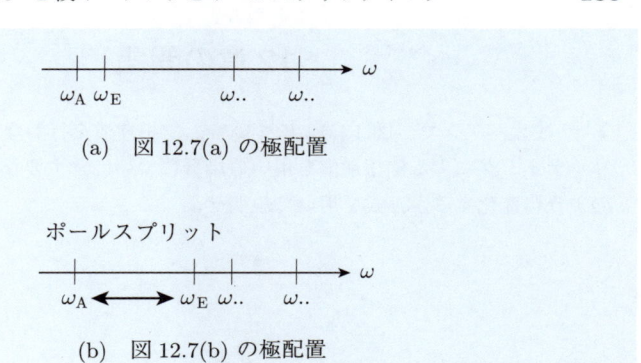

(b) 図 12.7(b) の極配置

図 12.8 C_c によるポールスプリッティング

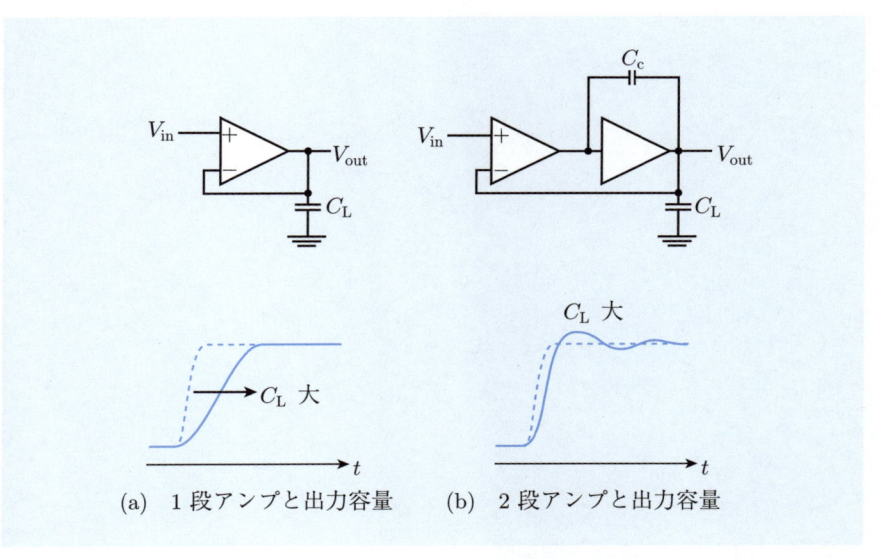

(a) 1段アンプと出力容量　(b) 2段アンプと出力容量

図 12.9 1段アンプと2段アンプにおける負荷容量 C_L による安定性の変化

12章の問題

☐ **1** 2段オペアンプ（図12.6）について，位相補償を行わない場合と，ポールスプリッティングによる位相補償を用いる場合について，主要な極と主要でない極がどのように変化するか，式を用いて説明せよ．

索 引

ア 行

アクティブカレントミラー　85
安定な系　106
位相補償　107, 132, 134
位相余裕　132
移動度　14
インピーダンス　6
演算増幅器（オペアンプ）　102, 116
応答時間　117
オーバードライブ電圧　59

カ 行

開ループゲイン　94
カスコード回路　58
カスコードカレントミラー　90
カスコードタイプ2段オペアンプ
　127
仮想接地　73
カップリング雑音　69
カレントミラー回路　81
カレントミラー負荷型差動増幅回路
　85
帰還係数　94
基板効果　23
基板バイアス係数　23
基板バイアス効果　23, 30
（強）反転状態　15
空乏層　15
グラジュアルチャネル近似　16

ゲイン　109, 117
ゲイン補償　107
ゲインマージン　110
ゲイン・バンド幅積　109
ゲート接地回路　46
高インピーダンス　85
高抵抗出力　51
コモンモードレベル　119
コンダクタンス　6

サ 行

差動回路　70
差動増幅回路　70
差動対　70
サブスレショルド係数　18
サブスレショルド領域　17
参照電流源　81
時間応答　8
弱反転状態　15
弱反転領域　17
周波数応答　8
周波数軸上　131
周波数特性　100
周波数補償　107
出力イピーダンス　85
出力コンダクタンス　21
出力抵抗　29, 49, 98
出力抵抗変換　98
主要極　109, 130
小信号　28

小信号等価回路　29
小信号モデル　29
静特性　37
絶対値　8
線形化　28
線形領域　16
相互コンダクタンス　7, 19, 29
相互抵抗　7
ソース接地回路　37
ソース抵抗　48
ソース抵抗付きソース接地回路　41
ソースフォロワー　53
ソースフォロワーの出力抵抗　54

タ 行

単一出力型2段オペアンプ　127
単一入力単一出力　69
チャネル　15
チャネル長変調効果　20, 29
低インピーダンス入力　84
抵抗値の変換機能　51
抵抗負荷型ソース接地増幅回路　37
低抵抗入力　51
定電流源　80
定電流源負荷ソース接地回路　40, 83
テレスコピックカスコードオペアンプ　120
電圧帰還　103
電圧降下　80
電圧条件　59
電圧増幅率　7
電圧バッファ　53
電圧範囲　64, 118
電源・基板雑音　69
伝達関数　7, 94
電流増幅率　7
等価な相互コンダクタンス　85

同相ゲイン　87
同相　69
同相除去　70
同相除去比　76
同相信号　70
同相成分の抑制効果　75
ドミナントポール　109
トランジスタの最大利得　40
ドレイン接地回路　53

ナ 行

内部インピーダンス　81
入出力特性　38
入力抵抗　49, 98
入力抵抗変換　98
能動素子　28

ハ 行

バイアス点　28
バイアス電圧　80
半回路　74
バンド幅　100, 109, 117
非主要極　109
非線形特性　28
非反転動作　46
微分抵抗　80
ピンチオフ点　17
不安定な系　106
フィードバック係数　109
フィードバックネットワーク　94
フィードバックの安定化　130
フィードフォワードネットワーク　94
フーリエ変換　8
フェーズマージン　110
フォールドカスコード型オペアンプ　122

フォールド型カスコード　64
負荷抵抗　37
負帰還システム　94
複素数で表現　8
閉ループゲイン　94
偏角（位相）　8
飽和速度　17
飽和領域　17
ボーデ線図　8
ポールスプリッティング　134

容量結合　46

ラ 行

ラプラス変換　6
ループゲイン　95, 130, 131

数字・欧字

2段オペアンプ　125
2段構成　124
DCゲイン　110
I–V カーブ　37
OCA　102
OTA　102
TIA　102

マ 行

ミラー効果　134
ミラー容量　134

ヤ 行

ユニティゲイン周波数　109, 132

著者略歴

池田 誠(いけだ まこと)

1991 年	東京大学工学部電子工学科卒業
1996 年	東京大学大学院工学系研究科電子工学専攻 博士課程修了（博士（工学））
同　年	東京大学大学院工学系研究科電子工学専攻 助手
2001 年より	東京大学 助教授
同　年	東京工業大学工学部助手
2001 年–2002 年	ケンブリッジ大学（英国）客員研究員
2013 年より	東京大学 教授
現　在	東京大学大学院工学系研究科電気系工学専攻教授

新・電子システム工学 = TKR-4
MOSによる 電子回路基礎

2011 年 5 月 10 日 ⓒ　　　　　　初 版 発 行
2016 年 10 月 10 日　　　　　　初版第 2 刷発行

著者　池田　誠

発行者　矢沢和俊
印刷者　小宮山恒敏
製本者　米良孝司

【発行】　　　株式会社　数理工学社
〒151–0051　東京都渋谷区千駄ヶ谷 1 丁目 3 番 25 号
☎ (03) 5474–8661（代）　　　サイエンスビル

【発売】　　　株式会社　サイエンス社
〒151–0051　東京都渋谷区千駄ヶ谷 1 丁目 3 番 25 号
営業☎ (03) 5474–8500（代）　振替 00170–7–2387
FAX☎ (03) 5474–8900

印刷　小宮山印刷工業（株）　　製本　ブックアート

≪検印省略≫

本書の内容を無断で複写複製することは，著作者および出版者の権利を侵害することがありますので，その場合にはあらかじめ小社あて許諾をお求め下さい．

サイエンス社・数理工学社の
ホームページのご案内
http://www.saiensu.co.jp
ご意見・ご要望は
suuri@saiensu.co.jp まで．

ISBN978–4–901683–77–7

PRINTED IN JAPAN

━━━ 新・電子システム工学 ━━━

ＭＯＳによる電子回路基礎
池田　誠著　２色刷・Ａ５・上製・本体2000円

半導体デバイス入門
その原理と動作のしくみ
柴田　直著　Ａ５・上製・本体2600円

電磁波工学の基礎
中野義昭著　２色刷・Ａ５・上製・本体2200円

ＶＬＳＩ設計工学
SoCにおける設計からハードウェアまで
藤田昌宏著　２色刷・Ａ５・上製・本体2200円

＊表示価格は全て税抜きです．

━━━発行・数理工学社／発売・サイエンス社━━━